Eating
in Shanghai
上海味道

Eating
in Shanghai

上海味道

《上海日报》/ 编

广西师范大学出版社
·桂林·

images
Publishing

目录

小食和酒吧

饮品和甜点

前言

约翰 H·伊萨克斯 (John H·Isacs)

专栏作家, 国际葡萄酒评委
美食作家

如果说在我的家里, 优质的葡萄酒和美食非常重要, 就着实有些轻描淡写了。我的父亲是二战后美国的第一批葡萄酒收藏家之一。在当时, 四五美元就可以买到一瓶波尔多一级葡萄酒。在接下来的 60 年里, 他收集了众多顶级葡萄酒。美食同样很重要, 无论我们是在纽约的家中还是在康乃迪克州或巴黎——我父亲在那些地方也有办公室——都经常出入最好的餐厅和酒吧, 那也成了我们的一种生活方式。所以有一点不用感到惊讶, 对我父亲而言, 搞到一些世界著名的美食指南从不是什么难事。他也收集美食指南, 就像他收集心爱的葡萄酒一样。

享受美食的生活是一种艺术形式, 需要准备也需要知识。因此, 可靠的美食与餐厅指南是至关重要的, 可以满足我们的美食爱好。世界上没有哪个地方能像上海这样——餐饮的选择过于繁盛, 多到令人迷惑而怯步。这就是为什么我为这本优秀的书作序时感到非常激动和荣幸, 因为它可以帮助读者在上海这座伟大的城市中找到美食这隐藏的宝藏。

近十年时间里, 我非常荣幸地担任《上海日报》《葡萄酒》的专栏作家。在这段时间里, 我了解到的一个重要的事实, 那就是关于同样为这家报纸辛勤工作的那些人才, 他们爱美食! 对于去哪里吃饭, 去哪里喝酒, 他们也都非常挑剔。倾情打造出这本书的《上海日报》团队更是特别有资格向我们介绍这座城市中的美味宝藏。

然而, 在打造一本好的美食指南的各种影响因素中, 最重要的是激情。这本书里都是充满激情的文章, 生动地展示了美味的菜肴和饮品, 以及创造出佳肴和饮品的那些非同一般的人们。这也是这本书让我喜爱的地方。事实上, 它不仅专业地评价各种值得一去的餐厅、小饭馆和酒吧, 还深入地去了解那些特色的食物、地方以及人们, 正是那些使我们生活的城市变得如此美好。

这本书主要分为四部分: 创意中国菜、国际美食、小食和酒吧、饮品和甜点。这些简洁的章节不仅可以帮助读者找到很棒的餐厅, 还可以帮助他们了解那些菜肴和它们背后的特色故事与文化。国际游客和在沪外籍人士一定会爱上这本书里关于小笼包、大闸蟹等中国特色美食的部分, 并且可以更深入地了解它们在中国饮食中的重要地位, 以及如何以最好的方式享受这些美食。

虽然餐饮指南在历史上是一种相对较新的现象, 但是对于美食家, 尤其是那些住在上海这样超大城市的美食家而言, 餐饮指南俨然已经成了一种不可缺少的工具。一些历史知识可以帮助我们理解这一点。世界上第一部餐饮指南《美食家年鉴》(Gourmands Almanac) 是由名为亚历山大·波特扎

(Alexandre Balthazar Laurente Grimod de la Reyniere) 的法国人出版的。就像他相当长的名字那样，这本书的内容也很长，但仍然让它一炮而红。他的这本书更像一本饮食旅游指南，就像《上海美味之旅》这样，不仅介绍了值得品尝的餐厅，还深入挖掘菜肴和食物背后的文化。

在 Reyniere 的那本指南出版 100 年后，法国轮胎公司米其林出版了他们的第一版酒店和餐厅指南，尽管当时没有餐厅的实际评级。事实上，这本书更像是一本帮助人们找到餐馆的旅行指南，当然也是帮助人们花更多的钱买他们的轮胎。令人梦寐以求的星星首次出现是在 1926 年的米其林指南中。

在美国，邓肯·海恩斯 (Duncan Hines) 写的《饮食探险》(Adventure in Eating) 是第一个获得全国认可的餐饮指南。事实上，它是如此受欢迎以至于美国最大的一家食品制造商购买了邓肯名字的版权，并将公司重新命名为邓肯·海恩斯公司 (Duncan Hines Corporation)。

今天我们并不缺少餐饮指南，比如无处不在的米其林指南，对于以欧洲为中心的食客而言，《高勒米罗美食指南》(Gault Millan) 是最好的指南之一，《大红虾》(Gambero Rosso) 是意大利最负盛名的食品和葡萄酒指南，而 Zagat 无疑赢得了美国美食家的心如今在上海，

我们有了自己的本土美食指南，并且介绍的远远不只是餐厅而已。正如上述那些指南一样，《上海美食之旅》也是一个美食旅游指南。这本书中的每个故事都会帮助我们发现以及更好地体会上海这座城市的美食之美。

我衷心地赞扬在《上海日报》工作的我的朋友们，你们撰写和出版这本精美的书一定会让所有读者的美食生活更加多彩。就像书的名字暗示的，它真的是一次美味的阅读，而且我也想不出更好的赞美之词了，我想如果我亲爱的父亲还在世的话，他一定会爱上这本书!

创意中国菜

新天地粤菜馆的
感官盛宴

新天地，作为上海最高端生活方式的目的地之一，近日在其租户名单上又增加了几个新概念的餐饮选择。上海美食地图中的不少重磅商家都入驻了进来，而其中人们谈论最多的誉八仙茶室酒楼，则在新天地北里占据了一席之地。

这家粤菜馆最初于大悦城开办了第一家分店，在短短一年时间里就俘获了众多食客。新天地的这家新店则是该菜馆在上海高端粤菜中处于领先地位的明证。刚迈进这家店，我就被其宽敞明亮的空间震惊了。

在上海这样一座充满了时尚北欧风格与炫酷工业元素的城市里，誉八仙的中式奢华、东方魅力、怀旧迷情可谓是惊才绝艳。

誉八仙的上海籍主人曾邀请三位一直于故宫内修复古董文物的大师级工匠来到这里做一些极为精细的工作，恢复那些被遗忘在往日时光里的技艺。光是门和墙壁上繁杂的装饰绘画就花费了他们三个月的时间。在这个两层空间里任何可能的角落都摆放了从各种拍卖会上拍得的十分昂贵的清朝皇室风格古董。

刚一落座，我就开始琢磨那份十分翔实的菜单，之后要了一些点心和两道经典粤菜，享受了一场别致的午餐小憩。据说，誉八仙这里有着当下在广东和香港也难得一见的老广东人最爱的菜品以及烹饪的技艺。

虾与蘑菇丝馅料的鱼翅汤饺可谓是非常完美的开胃菜。一口咬下，先是尝到了用鸡汤调味的热汤汁，接着大口吃肉多汁美馅料——蘸上醋就更加美味了。

鲍鱼猪肉蒸烧麦仅仅是看着就令人赏心悦目——用菠菜汁和的绿色面皮，烧麦上的一整个鲍鱼，都体现了厨师在制作菜品时的用心。接下来的黑蒜扇贝蒸饺则是给舌头留下了别样的感官刺激。发酵后的大蒜使扇贝肉的饺子味道尝起来独特又复杂，更平添了一种如果冻般柔软、入口即化的口感。这些精致美味的菜肴背后站着的可是有着香港半岛酒店 48 年厨房工作经验的主厨。

当然，你也可以选择上午 8：00 至 10：30 之间来到誉八仙享用早茶，这段时间会有专门的早茶菜单。早茶的每道菜价格在 24 元到 38 元不等，会比午餐的时候贵一点儿。

位于上海市中心的誉八仙不仅有着如博物院一般的环境，还有着极致用心的员工与品质优良的粤菜。

誉八仙

地址 / 新天地北里太仓路 181 弄 8 号
电话 / 6373-1888（预订需提前一至两周）
营业时间 / 早上 8:00 至 10:30（早茶）；
中午 11:00 至下午 3:00（午市）；
下午 5：30 至晚上 10:30（晚市）
人均消费 / 200 元（早茶）；400 元（午市）；650 元（晚市）

令人耳目一新的楼上火锅

楼上火锅，主打香辣刺激的四川风味，于上海的火锅行业而言可谓是锦上添花。这是一家港式火锅店，与大有人气的高端火锅供应商洋房火锅系属于同一个老板。它坐落于茂名南路与进贤路交叉口的46号建筑里，处在沪上知名的现场音乐酒吧Shake的楼下，自开业以来，这里总能见到宛如长龙的排队候餐者。

关于楼上火锅的正面评价我一直都有所耳闻，所以这次打算自己去尝试一番。如果你和我一样不喜欢喧闹的火锅店中人群的嘈杂，那么楼上火锅可是一个绝妙的去处。在这里，你必将体验一场相较以往更加惬意的火锅之旅。

店内采用怀旧的港式风格设计，精致而整洁，更没有传统火锅店的浓重气味。和传统的重油重辣而又令舌头燃烧的四川火锅不一样，这里的港式火锅风味不减，同时还有益健康，追求从海鲜到肉食等各类食材的优质与新鲜。

在正式吃火锅之前，不妨尝一尝这里的港式开胃菜，比如鱼丸、炸鱼皮、椒盐田鸡腿等特色街头小吃。

再回到正题火锅，这里的高标准首先在于高品质的餐具，店内所用的是专业主厨们推崇之至的法国厨具品牌Mauviel 1830的产品。

其次是火锅汤底。金牌走地鸡煲花胶汤底（368元）让火锅变得不再众口难调。熬制了几个小时的汤底，即使不往里添加任何食材，单是那金黄浓郁的汤汁也足够你享用一番了。对于很多中国人来说，富含胶原蛋白的花胶可谓是天然的美肤佳品，当然，这个招牌汤底也是最贵的。其他的汤底一锅58至128元不等，价格还是十分合理的。

海鲜和牛肉是这里的特色菜。我很喜欢这里的招牌牛肉碟（488元），里面是柔嫩又有嚼劲的雪花牛肉。其他必点的菜还包括豆瓣菜饺子（8个48元）、炸响铃（28元）以及各种肉丸和海鲜丸子。

楼上火锅绝佳的口味与芳香成就了我这次无与伦比的上海火锅体验。

楼上火锅

地址 / 茂名南路 46 号 2 楼
电话 / 6247-0007
营业时间 / 中午 11:30 至下午 2:00
人均消费 / 400 元

明星主厨梁经伦的
"极致中国菜"

名主厨梁经伦 (Alvin Leung)，凭借其创办的米其林三星餐厅 Bo Innovation 而在香港声名鹊起，这次他将"极致中国菜"（X-treme Chinese）带到了上海，开了自己的另一家魔厨馆 Daimon Bistro。Daimon Bistro 宣扬为客人提供注重口味而不做作的创意食物。

穿过一道推拉门，你就会进入隐藏在后面的 Bo Shanghai——梁主厨为上海而准备的主厨餐桌。在这里，梁主厨对几个世纪以来的中国传统菜肴和菜谱进行了重新诠释，使其更具现代化。这片隐蔽的空间时尚、现代，又不矫揉造作。

当外滩大多数餐厅都在强调户外景色的时候，Bo Shanghai 却更希望客人能够将视线转入室内，投向正在开放式厨房内展示魔法厨艺的主厨们。坐在面向厨房的吧台式餐桌前用餐可谓是一次独一无二的美食之旅。当然这里也提供私人包间。梁主厨将他的食物称为"极致中国菜"，采用的是分子烹饪法，而灵感则取自日常的中国菜。Bo Innovation 餐厅之灵感主要来自于香港，与之不同的是，Bo Shanghai 餐厅菜单的灵感来源于中国传统的八大菜系。但梁主厨对食物的个人感触与发挥仍然是很鲜明的，而且试吃菜单的内容也会不断变化。

每份菜单都有不同的开胃菜。但梁主厨的招牌菜分子小笼包是不变的。精致的猪肉汤汁包裹着球状的肉馅。它就像是一颗鸡蛋蛋黄，味道却全是小笼包的本质精华，吃不出肉与面粉。还有一道餐前开胃小吃，尝起来像极了法式洋葱汤。它是由烤麸、烤乳酪、洋葱以及红酒凝胶搭配在一起制作而成的。在餐前点心之后，以后每道菜品的制作灵感都源自于中国的八大菜系。

第一道菜将我带到了以剁椒鱼头闻名的湖南省。主厨说他是从湖南的这道招牌菜中获得的灵感，然后选用生金目鲷配以豆瓣菜泥、芫荽油、泡椒、辣椒粉来呈现这第一道菜。

下一道"福建生蚝"，其制作灵感来自于福建省经典的街头小吃蚵仔煎，用鸭蛋搭配鱼子酱和酸橙，再加上一点儿鱼露跟荷兰酱，各种食材的味道混合得恰到好处。一大口咬下去可谓是大饱口福。

另一道我最爱的菜品是四川鹅肝鸭胗。撒在鹅肝上的新鲜四川胡椒粉大幅度削减了脂肪的肥腻感，而浸在餐盘边辣椒芝麻油中、用鸭油烹制了三个小时的鸭胗则更有一番别样的风味与口感。混合着鹅肝和鸭胗的薰衣草味凝胶尝起来十分魔幻。店里的服务与这场美食之旅一样完美无瑕。

Bo Shanghai

地址 / 中山东路 5 号 6 楼
电话 / 5832-3656（需提前三天预约）
营业时间 / 下午 6:00 至晚上 11:00（周三闭店）
人均消费 / 1900 元

Jade House 为你带来
健康潮州菜

起源于广东省东南部的潮汕地区的潮州菜十分重视食材的新鲜程度，口味以清淡为主。它是粤菜中的一个主要分支，粤菜的烹饪技艺和风格对其有着深远影响，另外潮州东北部的邻居——福建风味十足的美食对其也影响颇深。

潮州菜凭借其使用的新鲜海味与蔬菜以及清淡自然的口味而深得大众喜爱，同时由于制作过程中用油极少，所以对健康也十分有益。新天地中新近开业的 Jade House 可以满足你对潮州菜的所有需求，从中午到凌晨。

占地面积 608 平方米的这家餐厅共有 180 个席位，包括 3 个包间和 40 个户外席位。以红色和金色为主色调的餐厅内部的用餐区域十分宽敞，楼底很高，还悬挂着龙和狮子的雕像，非常符合中国人的审美。

潮州菜非常精致，有着清淡微甜的自然芳香。它在制作过程中用油极少，多以煮、蒸、煨、焖为主要烹饪方式。这家餐厅必尝菜品包括鹅肝、鹅头以及猪蹄，再搭配上使用了二十多味香料熬制的自制红烧酱，无比美味。

焖鹅肝非常柔嫩，处理得恰到好处，如同潮州风味的法式鹅肝。不要忘了蘸上一点儿白醋哦，风味会更加独特。红焖鹅头也很受欢迎，鹅头用甜味黑色的酱汁制作，每过 15 分钟就会被拿出锅挂起晾干以保留酱汁和鹅头的美味。

由于潮州属于沿海地区，所以饮食中海鲜和蔬菜是最主要的食材。在这里，主厨先将重量在 600 至 900 克之间的冷花蟹放在蒸锅里蒸 10 到 13 分钟以留住其原始的风味，然后放进冰箱冷冻 2 个小时，最后用葱姜醋辅以热油浇上制作完成，蟹肉鲜嫩美味且有嚼劲。

佛跳墙，字面意思是指"佛跳过了一面墙"，其实是一道用鱼翅和其他诸如鲍鱼海参之类的海鲜熬制而成的经典潮州汤菜。它们似乎很好地协调了各自和香料之间的复杂风味。这里其他的汤还有石斑鱼沙参汤、银杏豆腐猪肉汤以及荷叶葫芦老鸭汤。

这里的招牌菜是潮州砂锅粥，它更像是米汤而不是粘黏的粥。所有的粥中最美味的要属虾蟹粥、陈皮鱼粥和牛肉粥了。粥从出锅到送上餐桌只用 5 秒钟，黏黏糊糊、热气腾腾的，非常美味。据说喝粥可以帮助身体排毒，传统中医也认为喝粥有益于凝神静气。

另外，这里还有其他一些很受欢迎的菜品，比如鱼汤面和砂锅石斑鱼，里面加入了肉汤、炸红辣椒、黄豆和莲藕。用甘蔗、胡萝卜、荸荠和茅根制成的招牌饮料也是夏天的理想选择。

Jade House

地址 / 湖滨路 168 号 1 层
电话 / 5382-0058
营业时间 / 上午 11:00 至下午
2:00，下午 5:00 至凌晨 2:00
人均消费 / 100 元

迁址后的正宗香港叉烧

翠丰园最初位于陕西北路上的环茂商场之中，但后来被迫更换店址并暂时关门停业。现在，翠丰园已经在米岛美食中心的三楼安家落户，继续供应忠实的食客钟爱的香港经典美食。唯

一能暗示这家店起源的就是店里的一系列关于香港的黑白照片。地板和墙上贴满了以报纸为主题的瓷砖和壁纸。来自香港并且性格十分开朗的店主梁先生在门口迎接了我。当年梁先

生是为了躲避在家乡肆虐的 SARS 病毒而搬到了上海,然后在这里遇见了他现在的妻子。他发现上海的粤菜餐厅里没人会做正宗的叉烧——一种粤菜美食,同时也是梁先生个人的最爱。于是他决定自己动手,从而创办了翠丰园。

这家餐厅的初衷可能是为了将正宗的叉烧带到上海,但随着它的不断发展,现在已经涵盖了香港的所有美食。对食客而言,这家餐厅主要的吸引力就在于梁先生自创的黯然销魂饭。现在,梁先生在原始配方中增加了两个选择,一种添加了香辛料,另一种在白米饭中混合了蔬菜。说到价格的话,每碗 42 元确实很便宜了。这家餐厅还以特色午餐的形式供应各种中国大陆的菜肴,包括一个菜、一份米饭和一杯饮料。

我还尝试了这里的点心,包括菠萝包和金牌菌菇肠粉。金牌菌菇肠粉是梁先生另一个原创菜品——口感爽脆的馅料和充满颗粒感的蘑菇使得这道菜一下子就成了我最爱的菜品之一。梁先生制作的叉烧可谓是风味十足,米饭上各种食材的组合都非常完美,极其适合一次快捷简单的午餐。

翠丰园为上海带来了正宗的香港美食。我来这里用餐时服务员们都被淹没在人海中了,所以候餐时间长一些是情有可原的。

翠丰园

地址 / 浦东南路 1289 号 3 楼
电话 / 6891-7757
营业时间 / 上午 10:30 至下午 2:00,下午 5:00 至 9:30
人均消费 / 72 元

历史与地方特色的
完美融合

MOTT539

地址 / 复兴中路 539 号
电话 / 3356-6575
营业时间 / 上午 11:00 至晚上 10:00
人均消费 / 396 元

MOTT539，又名思南江宴，坐落于民国时期孔祥熙及夫人宋霭龄曾居住过的别墅之中。曾经这对颇具影响力的夫妇时常邀请政界人士、商业巨头、知识分子和艺术家们到这里汇聚一堂。现如今，位于复兴中路和思南路交叉角落里的这座宅邸依旧保留着一些最初的特征，倒也造就了这番 20 世纪 20 年代韵味与摩登现代气息之间的水乳交融。

思南江宴是一家致力于提供本地优质服务的高端淮扬菜餐厅。淮阳菜传承自淮河与扬子江下游地区人们的烹饪风格。与川菜、湘菜和粤菜等国内其他菜系相比，淮扬菜的名气相对要小一些，但淮扬菜也是公认的最有名的精细雅致的菜系之一。清淡平和的淮扬菜尤以刀工精细的新鲜食材而久负盛名。春季实为享用地域特色菜的最佳时令，譬如扬子江淡水鱼等。

餐厅只选用扬子江区域最优质的食材。总经理刘先生说他们在食材的采购方面是非常讲究的。所有食材必须直接配送：上海阳光牧场会在每天清晨将新鲜采摘的有机蔬菜运送至餐厅。为了保证鱼虾的新鲜度，运输过程中水的温度会一直保持在 0℃。来自江苏江阴的厨师长张德坚师承于淮扬菜大师杨正华，在继承了大师烹饪扬子江鱼的传统手艺之后，他又开发出几道新的特色菜品，如清炖河豚、家常刀鲚以及扬子鱼丸。无论是炖或是蒸，张大厨都极好地保留了鱼自身鲜美的口味。

在一系列菜品中，由以清蒸鲥鱼备受食客青睐。这道菜用油搭配 30 年花雕来一起清蒸，将鲥鱼的风味毫无保留地发挥出来。鱼肉口感细嫩，口味独特。每年四月到八月鲥鱼会从东海洄游，这段时间的鲥鱼口味最佳。每道菜在烹饪时都力求完美地发挥鱼的香味以及质感。MOTT539 是家人聚餐、朋友聚会的最佳去处。这里既有公共的用餐空间（在二楼和三楼）也有私人包间可供使用。

愚园路东上重新开业的
新疆餐厅

阿里家

地址 / 愚园东路 20 号 2 层
电话 / 6335-5016
营业时间 / 上午11:30至下午2:00，
下午 5:00 至晚上 10:30
人均消费 / 100 元

近日，曾位于大沽路上的舒适的新疆美食餐厅——阿里家，携着全新的设计在愚园东路重新开业了。阿里家如今的新面貌更像是一家现代工业风格的咖啡馆，而不是传统的新疆餐厅。新店的空间更大也更开阔，室内的天花板很高，沙发座椅上还随意放着几个民族风格的绣花枕头。

牛皮纸材质的菜单十分地简单明了。虽然菜单上没有照片，遇到陌生菜肴时会有疑惑，但是服务员会为你详细介绍这些菜肴和其中用到的食材。

至于开胃菜，红柳羊肉串 (15 元每串) 是阿里家的招牌菜之一。大块羊肉串在天然红柳枝上，再撒上孜然等调味料，美味多汁。

大盘鸡是新疆的经典美食之一，阿里家小份的普通鸡肉大盘鸡价格为 58 元，你还可以选择农家散养鸡肉，小份 88 元，大份 158 元。我们建议选小份的，因为它的份量足够两个人分享了。鸡肉在微辣的浓汤中慢慢地炖着，里面的土豆也很嫩，吸收了汤汁所有的美味。这里的大盘鸡还配有一小盘提前煮熟的手工粗面，你可以在吃完鸡肉和土豆之后，用面条蘸着汤汁一起吃。我们还推荐这里的羊肉炒馕 (58 元)。新鲜出炉的馕非常柔软，羊肉也十分鲜嫩多汁，还加入了适量的调味料，各种食材很好地融合在一起。

古法馕坑烤羊肉 (小份 98 元，大份 198 元) 对于肉食爱好者来说是一个不错的选择。如果你更喜欢以同样方法烤制的整只羊腿 (458 元)，则必须提前一天预订。甜点的选择不多，所以你很难错过阿里家手工酸奶 (18 元)。酸奶是装在一个小木碗里的，上面还撒着新疆葡萄干、白芝麻和核桃碎。

自制玫瑰花奶油布丁 (18 元) 是一道西式甜点。这道粉红色的甜点是用真正的玫瑰汁制成的，还配有干玫瑰花碎，尝起来甜度适中，口感浓厚。至于饮料，阿里家提供传统的新疆奶茶，有甜味或咸味两种选择，还有新疆红茶和啤酒。

这里的服务非常周到，服务员会自觉地更换餐盘，上菜也很及时。

"啫啫"作响的惠食佳

这个冬天，如果你想找一些传统的粤菜美食来慰藉自己的话，不妨就来惠食佳吧。

惠食佳从 20 年前广州的一个大排档起家，现如今已经在全国各地都设有分店，其中就有两家在上海。

惠食佳最受欢迎的冬季菜肴之一是啫啫大黄鳝——经绍兴酒调味的野生黄鳝、姜和大蒜装在一个"啫啫"作响的砂锅中。主厨将所有食材放入砂锅后会将它直接送上餐桌，而滚烫的砂锅会继续为食材加热，极好地保留了最原始的风味。

"传统的粤菜以其严谨的食材选择和精湛的制作工艺而闻名，"拥有超过 25 年烹饪经验的主厨卢永才说，"我们选用的都是广州野生黄鳝，因为它的味道最好。黄鳝的长度也必须在14 厘米左右，和手指一般粗细。"这里建议大家选择带骨头的黄鳝哦。骨头和细腻的鱼肉会融化在你的嘴里，回味无穷。这道丰盛菜肴的价格为 99 元。

其他可以作为砂锅食材的选择还包括鸡肉、排骨、海鲜、猪肉、蔬菜、米饭甚至水果。其中鲍鱼锅、腊肠米饭锅、番木瓜锅特别受欢迎。

惠食佳还提供各种慢炖的热滚滚的汤品，非常适合冬季驱寒。卢主厨推荐加有椰子肉、山药和枸杞子的乌鸡汤。这道美味的汤每份只需 29元，但是需要提前预定。

其他选择包括莲藕猪肉汤、鲍鱼炖鸡汤和海马老鸭汤。海鲜爱好者可要尝尝这里的椒盐富贵虾，选用的都是泰国进口的明虾。冰镇海蜗牛是一道广东的特色菜。每只新鲜的海蜗牛重量至少为200克，煮熟之后会被立刻放到冰块之中冷却。

菜单上的其他亮点还包括用新鲜章鱼、虾和蛤蜊做成的蚵仔煎、烤石斑鱼以及盆菜（一种传统的粤菜新年食物，大多是炖海鲜和蔬菜）。

最后不得不提的则是甜点。惠食佳特制的香堤杨枝露华浓——姜味冰淇淋配酥脆的油炸花生可以让任何一餐都有一个令人满意的收尾。

惠食佳

地址 / 陆家嘴店（陆家嘴东路161号4楼），
静安店（延安西路396号3-4楼）
电话 / 陆家嘴店（5879-3088），
静安店（6261-4333）
营业时间 / 上午11:00至晚上10:30，
上午11:00至下午4:00（下午茶）
人均消费 / 150元（3小时内免费停车）

抓住时机的川廊

开业不到一年时间，杨先生创办的四川火锅店"五厨"已经在变幻无常的市场环境下取得了十分罕见的成功，它位于上海 K11 购物艺术中心之中，在那里经常能见到本地的知名人士。这家火锅店之所以成功地吸引众多客人一次次回来是因为它十分关注那些大多数地方常常被忽视的细节。杨先生很快又在太仓路上找到另一个场所来拓展自己的生意——这次是四川小吃。

新开的川廊 (Spicy Lounge) 虽然是以休闲餐饮为理念，但和之前火爆的火锅店有着一样古朴的设计。50 平方米的内部空间里装饰着各种水磨石和黄铜制成的定制家具，井然有序。杨先生还邀请了他的好友——著名的陶瓷艺术家海晨为他制作了 200 个面碗，每只碗都有手绘的不同图案。菜单虽然很简单，但大多是四川的招牌小吃。"作为一个四川人，过去几年很难在上海找到正宗的四川味道，所以我决定邀请一位成都的川菜名厨然后自己开一家川菜馆。"杨先生说。川廊致力于以基础的食材让菜肴回归于本质——正宗的川味小吃或小碟菜肴。为了适应上海本地人的口味，这里的菜肴还分为微辣和重辣，以便客人根据自己的承受能力进行选择。每一道小吃盘都有大小两种分量可以选择。我尝试了其中的几个，都很正宗。他们使用的食材全都来自于四川，菜的味道也非常丰富，极好地融合了辛、辣、香、甜、咸等各种口味。

夫妻肺片和川北凉粉美味而正宗。芬芳的胡椒风味会在舌头上留下温和的麻木感。这里许多小吃都用到了四川辣椒油，许多菜肴都用如辣椒、芝麻和油炸花生等产自地面，干燥之后的食材调味之后，浇注热油做成的。美丽的四川省同样以美味的面条和饺子而著称，强烈推荐你去尝试一番。当然，像其他美味菜肴一样，四川主食担担面也是一个不错的选择。

川廊简单舒适的美食会让你愿意一次次回到这里，精选的饮品也会让你感到惊艳哦。还有，一定要尝尝这里的老挝黄啤，那可是老挝的国民啤酒，在上海十分罕见。

川廊

地址 / 太仓路 68 号
电话 / 6384-1382
营业时间 / 上午 11:00 至
晚上 10:00
人均消费 / 70 元

外滩上的
正宗蒙古风味

就在各式餐厅与酒吧林立的黄浦江畔，一家烹饪一些上海最好肉食的休闲雅致的餐厅已经开业有半年时间了。这家餐厅的主人是来自内蒙古的赵先生，他肩负一个"使命"——将自己家乡的一些最正宗的美食从那广阔无垠的大草原带到上海来。

这家餐厅的环境很好。一楼以宽阔的法式窗户为特色，内部的装饰以木质材料为主，充满了惬意的氛围。二楼的设计则更加私密和安静，这里展示了店主的一些私人藏品，是餐厅中最能体现蒙古文化的地方。

大多数传统的蒙古美食都是以奶制品与肉食为主，尤其是羊肉和牛肉。浏览了菜单之后，肉食爱好者们会发现这里有着太多的菜品和烹饪方式可以选择。这家餐厅所有的奶制品和肉食都来自于内蒙古。

赛佰弄蒙古餐厅

地址 / 四川中路 166 号
电话 / 6373-1789
营业时间 / 上午 10:00 至
晚上 10:00
人均消费 / 135 元

这次正宗的蒙古美食之旅以装在精致黄铜锅中呈上来的热奶茶（158 元 /4 锅）开始。在蒙古人的饮食之中牛奶一直都是主食。这里有一盘奶制点心非常值得推荐，里面有牛奶豆腐干、奶皮、很像马苏里拉干酪的当地奶酪以及蒙古人常吃的主要谷物稷子米。

然而，我来到赛佰弄蒙古餐厅主要还是为了肉食。我尝到的第一道肉菜是烤蒙古草原羊排（158 元 / 小份，298 元 / 大份）。正宗蒙古美食所用的调味料是很简单的，用的量也很少。整扇羊排上有着金黄酥脆的外皮、鲜嫩多汁的羊肉以及恰到好处的油脂。这里的服务员会帮你将羊肉从骨头上剔下来并切成小块，

如果想要体验这道菜最正宗的吃法，我还是建议你下手吃。

如果你更喜欢牛肉的话，强烈推荐你尝尝这里的内蒙草原牛肉。这个品种的牛产自于内蒙古地区，由牧民养殖了几个世纪，也常被农民用作役畜，它的肉质得到人们很高的评价。这种牛肉尝起来不像牛牛肉那样过于肥，它非常的柔嫩同时很有嚼劲。

如果没有品尝一下这里的蒙古牛肉锅贴——二八鞋垫饼（58 元）的话，那你可就白来了。这道塞满了美味牛肉馅料的蒙古"下午茶"一定会吸引你成为赛佰弄蒙古餐厅的回头客。

小笼包，必须尝试的
一道点心

根据最近的一项调查显示，小笼包这种令人垂涎的小汤饺比以前更受欢迎了。2017 年 7 月，博客"商业内幕"（Business Insider）选择了 25 种可以代表 25 个国家的小吃，在中国盛行的是小笼包，也被称为汤饺，这种包子通常是用猪肉和肉汤作馅料，盛放在竹制蒸笼里。

在上海测绘院绘制的"2017 年上海地图"中，小笼包与大闸蟹、红烧肉一起被评为特色美食。

小笼包和生煎（煎饺子）是上海菜的两个象征，对于任何去上海旅游的人而言，尝一尝新鲜而正宗的饺子是待办事项清单中的一项必须完成的任务。

小笼包

小笼包也被称为小笼馒头，因为上海方言中称呼有馅料的包子为馒头，而同样的称呼在华北则指的是普通蒸馒头。我们今天所熟知的小笼包起源于江苏常州，它是由北宋首府，即如今河南开封的灌汤包（汤馅的饺子——包子）发展而来的。

小笼包和灌汤包的区别在于馅料和肉汤的味道，还有形状。小笼包的味道更甜，而灌汤包则更大更扁，很像开封著名的菊花。当然，中国各地的小笼包口味也不尽相同。常州小笼包相当新鲜，无锡风味最甜，而上海小笼包轻微的甜味和鲜味则适合各种口味的食客。但是它们都有着共同点，那就是皮薄、汤汁浓郁以及肉馅柔嫩。1871 年，上海南翔镇的黄明贤创造了南翔小笼馒头，后来成为上海小笼包中的佼佼者。南翔小笼包的体积非常小，这种上海风味的小笼包是用发酵面团、瘦肉和猪皮汤制成的。

包小笼包的手艺几乎是一门艺术。包子皮必须超级薄，因为 10 个包子只用 1.7 盎司（50 克）的面粉，每个包子最少有 14 个褶。清淡口味的馅料是用瘦肉和一些生姜制成的。馅料里不能添加葱蒜，以免破坏了原始的风味。猪皮熬成的汤正是小笼包里滚热、滋滋作响的汤汁。

在秋季，将大闸蟹蟹肉和蟹黄加入猪肉中，可以做成终极版的小笼包馅料。这种淡水蟹因其独特而浓郁的口味而闻名，蟹黄会让汤的色泽变成金黄，尝起来有了黄油的口感。猪肉大虾馅也很受欢迎，因为有弹性的虾肉可以增强小笼包的口感，还可以在此配方里加入香菇。

因为小笼包味道比较丰富，有些油腻，所以吃的时候常常搭配上一碟醋或者是加入了姜末的醋。在享受蟹粉小笼包时，强烈推荐配上一点儿姜，因为它不仅平衡了口味，而且中和了中医上所称的螃蟹的"寒性"。

小笼包餐馆

米其林指南为其超值餐厅（Bib Gourmand）这一项选择了一个简单的小笼包推荐。在上海所有的小笼包餐馆中，米其林推荐了城隍庙的南翔小笼包和上海中心的鼎泰丰，两家非常有名且有更多游客光顾的餐馆。南翔小笼包因其悠久的历史和老字号的地位而备受称赞，鼎泰丰则是因其精准而又始终如一的品质而闻名。但对于上海本地人来说，这两家并不是享用一笼热气腾腾的小笼包的首选。

下面是两家本地人的最爱：

富春小笼

2010 年，CNN 将富春推荐为可以吃到正宗小笼包的地方。富春的小笼包有着更丰盛鲜美的汤汁和馅料，每个小笼包里都有一勺左右的美味汤汁。蟹粉小笼包里螃蟹的味道很显著，一定要趁热吃，因为凉了的话汤汁会变得很稠，味道也会变差。

在这家老字号餐馆里用餐也是令人震撼的体验。这里从清晨到午夜一直都有很多客人，但仍然以高效而又非常古老的点餐方式运营着。走进餐馆，门边的收银员会为你点单并收款（只限现金），然后他会给你一张收据。接下来，你可以随便找到一张桌子或者和其他客人共用一张桌子，然后把收据交给一旁等候的服务员，他们会在食物准备好后立刻端到你的餐桌前。他们还会提供一个小碟子和一双筷子，每张桌子上都有醋。富春在上海还有其他分店，包括商场里的饮食区。

富春小笼

地址 / 愚园路 650 号
电话 / 6252-5517
营业时间 / 上午 6:00 至
晚上 12:00
价格 / 6 个鲜肉小笼包 11 元，6 个
虾仁小笼包 20 元，6 个蟹粉小笼
包 26 元，3 种口味各 1 个 26 元

佳家汤包

地址 / 丽园路 62 号
电话 / 6308-7139
营业时间 / 上午 7:00 至晚上 7:30
价格 / 12 个鲜肉小笼包 15 元，
12 个蟹粉小笼包 30 元

佳家汤包

佳家汤包以其蟹粉汤包而闻名。这种小笼包
更小，更精致，而且汤汁非常新鲜，一点儿也
不油腻。每个虾仁小笼包里都有一整个去壳
虾仁，而香菇鲜肉汤包则突出了香菇的独特
香味。这里的汤汁不像其他餐馆里的那样甜，
一份 12 个足够一人吃了。由于是现点现包，所
以你可能需要等一会儿。在这里，我推荐你用
虾仁鲜肉馄饨和紫菜鸡蛋汤作为小笼包的搭
配。生姜片每份 2 元，配上蟹粉汤包和醋，简
直是完美。

其他可以一试的小笼包餐馆：

老盛昌

老盛昌是一家老字号的上海连锁汤包店，以苏
州风味的汤包和上海风味的面条为特色。

莱莱小笼

莱莱小笼是一家致力于保留并传承上海风味
小笼包的小餐馆。其中蟹粉小笼包和鲜肉小
笼包很受欢迎。

德兴馆

德兴馆是一家著名的上海餐厅,有着 100 多年的历史。它的小笼包不那么甜美但是很多汁。

Paradise Dynasty

如果你正在寻找一些比传统小笼包更有创意的东西,那么 Paradise Dynasty 特别适合你,因为那里提供一种独特的八色小笼包组合,馅料也很有趣,里面有鹅肝、奶酪、大蒜和黑松露等。

老盛昌
地址 / 福建中路 335 号

莱莱小笼
地址 / 天津路 504 号

德兴馆
地址 / 广东路 471 号

Paradise Dynasty
地址 / 世纪大道 8 号,上海国金商场 3 层

光辉不再的旧时大菜

曾经，当老上海到处都是外国人时，中国的厨师们打造出各种有自身特色的西方食物，当时非常受欢迎——但现在已经不是如此了。

上海美食中一种鲜为人知、即将消失的特色菜就是上海大菜（顾名思义是指大盘菜肴），它将欧洲美食融入当地中国口味。这些大菜有诸如罗宋汤（不加甜菜）、芝士烤宽面条（没有烤宽面条）、伍斯特沙司配炸猪排（切碎）和勃艮第炖牛肉。大菜属于融合菜肴，但它却不伦不类，正在慢慢消失。

20世纪二三十年代的时候，在上海随处都可以见到外国人，当时大菜是非常受欢迎的，曾经有200多家大菜餐厅。但今天只有屈指可数的几家。大菜兴起于黄浦区福州路附近的娱乐场所和红灯区，曾经一度被认为是十分时尚的菜肴。穿着时髦的妓女们会在一些餐馆里游荡，希望能够享用免费的餐点并招徕一些生意。

"上海大菜是中国厨师为了适应当地人口味而改造的欧洲美食。"于上海出生、剑桥毕业的作家潘翎（Lynn Pann）这样说道，她一直研究上海的历史，包括食物。"如果烹饪行业的业内人士继续忽视保护这种美食文化，不去拯救那些老食谱，那么上海大菜注定会消失。"供应大菜的天鹅申阁西菜社 (Le Cygne) 老板周永乐说。

有着大菜伴随其成长的周先生一直致力于保护这种菜肴。大菜起源于 19 世纪末，在 20 世纪二三十年代的时候达到顶峰。主要是对来自意大利、法国、俄罗斯和英国的外籍人士所喜爱的食品进行中国化的处理。这些菜中通常会有一些食材用中国的食材替代，并且使用的也是中国的烹饪技艺和服务方式。

潘女士、周先生和上海美食评论家沈嘉禄曾经一起研究过这种老式的家常菜。潘女士说大菜是中西方食材的组合。她举出了一些招牌大菜作为例子，比如芝士面，使用中国面条的意大利面食；由土豆丁、俄罗斯香肠、四季豆、时令水果、蛋清、色拉油和香草冰淇淋制作而成的上海沙拉；用西红柿和白菜取代红甜菜做成的罗宋汤。

周先生说大菜也用到了中国的烹饪技巧。他提到了伍斯特沙司配烤猪排，这道菜并不是油炸整块猪排，而是将猪排切碎捣烂使其嫩化之后再用油炸。"服务和用餐氛围也做了改变了，大菜餐厅通常会在套餐菜单上提供中国传统的黄酒而不是红葡萄酒。在过去，客人们还可以邀请妓女一起用餐。"沈嘉禄说。

专注于上海美食文化的作家邵宛澍描述了一品香的七道菜，一品香在 20 世纪 30 年代是很受欢迎的大菜餐厅。这个七道菜套餐被收录到了上海档案馆中。菜单是西式的，但许多菜肴都是正宗的中国菜。前菜中有煮芦笋、干腌金华火腿、鲍鱼和莴苣，全部放在一个盘子中。汤包括鱼翅和鸽子蛋奶油汤。主菜包括西式菲力牛排和以锡箔包裹的粤式炸鸡。这个套餐以西式甜点（苹果派或香草布丁）和咖啡作为结束。

红灯起源

在 19 世纪末和 20 世纪初期，中国正在尝试现代化，由于广州和香港与西方有贸易往来，居住在上海同时又熟悉西方文化的广东人开始创办大菜餐厅。被西方男士、别致的氛围和廉价的食物吸引而来的妓女们纷纷涌向了大菜餐厅。

由于上海人并不熟悉正宗的西式食物，所以菜肴也有所改变。牛排被切碎，烤至全熟，而不是整块半熟。法国葡萄酒也被中国酒或白酒取代。在 20 世纪三四十年代，由于日本的侵略和内战，西餐的中心被迫转到法国和英国的租界之中。与此同时，不少俄罗斯人和一些印度人定居了这座城市，给大菜带来了俄罗斯和南亚风味。

"由于大菜一开始就不是贵族的食物，普通人都可以吃得起，所以很快就流行起来了。"周先生说。他举了一些餐厅作为例子，比如红房子西菜馆、德大西菜社和天鹅申阁西菜社。"曾经每一个来上海的外地游客都希望能去大菜餐厅吃一顿饭——有点像去如今的新天地。"潘女士说。

凋零

但是大菜正在消失，因为正宗的西方美食变得非常受欢迎。"如今几乎不可能吃到正宗的大菜了。"80 多岁的上海人陈女士这样说道。她尝试了吉米的厨房餐厅的菜肴，让她想起了过去的岁月。据上海档案馆统计，大菜餐厅曾经一度超过 200 家。但今天只有少数几家，而且由于成本高价格低廉，这些餐厅也在艰苦维持着。

红房子西菜馆创办于 1935 年，其经理程先生以招牌菜洋葱汤为例说明了利润空间的不足。这种汤大概需要 6 个小时的时间准备，"但是我们仍然不能以合适的价格收费，因为大多数中国人认为洋葱是便宜的食材"。

美食评论家 Shen 认为反西方的"文化大革命"(1966—1976 年)是大菜餐厅倒闭的另一个原因——西餐被认为是腐朽的和资本主义的食物。许多人转向中国菜，众多的大菜厨师也失去了工作，开始寻找了其他工作。据天鹅申阁的周老板说，大多数大菜厨师已经去世或是退休，年轻的上海厨师对大菜也不感兴趣。他们大都喜欢追求经典的法式烹饪。

"我们的厨房里由 20 世纪 50 年代出生的上海人主宰，几乎没有年轻的厨师。"红房子的程经理说。"大菜尴尬的市场地位是其消亡的另一个原因。西方人不喜欢，觉得它不是正宗的西方食物，中国人则认为这不是真正的上海菜。"周先生说。

不过，大菜确实也有几位西方厨师的支持者。米氏西餐厅的主厨哈密什·波利特 (Hamish Pollitt) 就是受上海大菜文化的启发创造了他自己成为的中式主菜的红烧鲈鱼主配配蔬菜。这道菜使用典型的上海"红色"烹饪技艺，用酱油慢炖赋予菜肴以红色。

"这份菜单是对中式食物的回顾。实际上，这种独特的美食从 20 世纪 90 年代就启发了很多西方厨师，当时他们开始在西方烹饪中使用红烧的技艺。"波利特主厨说。周永乐表示大菜也代表了传统食物的进步。他以芝士面为例，又长又薄同时十分丝滑的中国面条比传统的意大利面食更容易裹上芝士，所以每一口都更加美味。蟹斗，红房子西菜馆的招牌菜，已经流行了 50 多年。较小的中国大闸蟹代替西方的海蟹，使得这道菜的口味更加细腻，芝士的风味也更突出。至于另一道著名

的大菜——勃艮第炖牛肉——中国的厨师们在其中加入胡萝卜、芹菜和伍斯特沙司，使这道菜的味道和香气都发生了变化。

拯救这种美味

周先生在一个富裕的老上海家庭中长大，家里就有着烹制西式美食的中国厨师，他是少数致力于保护大菜的人士之一。"童年时期我吃过很多大菜，至今还保留着这些记忆，它们帮助我辨认口味是否正宗。"周先生说。一次偶然的机会，他找到了他父亲写下的大约 50 种大菜的食谱。

但食谱并不是很详细，所以为了想起正宗的味道，周先生一直在自己的餐厅厨房里做各种尝试。"坦白说，这家餐馆很难维持下去，"周先生说，"但当我看到一位 90 岁的女士，袁世凯 (清末最有影响力的政客) 的孙女，在品尝了我做的芝士面之后开始流泪，还说让她想起了自己的童年，我觉得很有成就感。我告诉自己，所有的努力都是值得的。"

在哪里找到正宗的大菜：

红房子西菜馆

地址 / 淮海中路 845 号
电话 / 6437-4902

这家餐厅于 1935 年开业，由一位擅长烹饪的法国女士和一位负责经营的犹太商人创办。服务人员主要是上海本地的中年人，能够娴熟地为客人提供合适的建议。招牌菜包括洋葱汤和蟹斗。

德大西菜馆

地址 / 南京西路 473 号
电话 / 6321-3810

这家于 1879 年开业的餐厅是许多上海人第一次吃西餐的地方。菜单是上海本地和欧洲美食的组合。这家餐厅以其收集的 19 世纪初复古餐具而闻名,这些餐具都在二楼展示。该店推荐菜品为上海沙拉、炸猪排和罗宋汤。

天鹅申阁西菜社

地址 / 进贤路 169 号
电话 / 5157-5311

这家餐厅是上海老年人最喜欢的,他们常会和服务生打招呼问道:"今天永乐在不在啊?"周永乐是这家餐厅的老板,他曾研究过大菜。这位籍贯为上海的老板在国外生活好几年,所以外国的食客在点餐时不会有任何沟通上的问题。推荐菜品为芝士面和勃艮第炖牛肉。

吉米的厨房

地址 / 茂名南路 59 号锦江大酒店(国泰大厦)1 层
电话 / 6466-6869

这家餐厅于 1928 年在上海开业,1949 年的时候迁址香港(现在在香港还很有名),如今又回到了上海。这家餐厅非常大气,里面的柜台、吊灯、旧照片和爵士背景音乐营造了老上海的氛围。这里的大菜正宗优质,服务也非常周到。酒单上的酒水种类很多。许多菜肴都是上海口味的外国菜肴,包括煎和牛牛肉配蒸米饭、马德拉斯咖喱牛肉配蒸米饭以及美味的各种风干牛肉。

美味四溢的食品商场

距离中国农历新年假期还有两周时间的时候，上海的家庭主妇郑女士就开始在南货店（字面上就是指销售华南地区美食的商店）中采购年货。南货店是一家传统的上海风味食品店，以腌制食物和干货而闻名。"过年之前不来南货店就不像是在庆祝春节。"55岁的郑女士这样说道，也说出了许多上海人的心声。

25岁的华裔澳大利亚人高女士回到了自己的家乡上海度假，她也是直奔南货店。"南货店里的独特气味唤起了我童年的回忆，"高女士在一家商铺里这样说道，"那是一种腊肠（中国香肠）的烟熏、酸甜和油腻的气味与咸鱼（腌制的鱼）的咸味和淡淡的鱼腥味的混合气味，这才是上海正宗而传统的味道。"

南货店起源于上海，主要供应来自浙江、江苏和广东省的各种干货以及腌制和卤制的食品，包括各种肉类、家禽、海鲜和蔬菜。值得一提的有浙江的金华火腿（风干、老化、熏制）、广东的粤式香肠以及浙江宁波的醉蟹（浸泡在酒中）。

产自山东的干海鲜以及东北的干蘑菇和其他菌类也都可以买到。所有的食物都是在开放式的柜台中出售的。非常引人注意的肉类柜台往往挂着一串串的火腿、腊鸡和熏鸭。南货店里的销售人员大多数是上海本地的中年人，他们经验丰富，平易近人，都很乐意为客人提供与食材的选择和准备有关的建议——如同和邻居聊天一样。

火腿的上方是金华火腿中的顶级部分，由于其质地柔软，脂肪比例适中，最适合蒸和炸。中方，即中间的部分，适合做汤，因为它需要长时间的烹饪。

"我在家里烹制过这些火腿，都非常美味。"邵万生南货店中的一位女销售员这样说。这家很有名气的店位于南京路步行街上，有着悠久的历史。

大部分产品都是称重销售的，有些则是装在中国农历新年的礼品盒之中。"与超市相比我更喜欢南货店，因为食物都是展示在一个开放的柜台中，我既可以闻到也可以摸到它们。当然，南货店也是我新年假期采购的一站式店铺。"郑女士说。

她通常会选购干海鲜、蔬菜以及腌制的火腿和鸭子用于年夜饭；坚果和糖果作为待客点心；至于盒装的营养补品，她可以作为出门拜访的礼物。

南货店与这座城市的历史密切相关。据著名美食评论家赵晓春介绍，最早的南货店是由华东和华南迁徙到上海的人们创办的，他们思乡时尤其想念自己家乡的食物。

张先生说1949年左右上海有87家这样的商店，这成了一项纪录。最初，根据店主的籍贯，这些南货店有4种基本的类型：粤式、宁波风格、金华以及苏州风格。

而在今天的上海，正宗的综合南货店不超过10家，但4种不同风味的食物仍然存在，虽然口味有所改变。年纪大的上海人可能喜欢非常强烈的咸味，但年轻人则偏好更健康的少盐食物。

"糟货（浸在米酒中的熟食）和醉货（用酒腌制的生食）都不像过去那样重咸了，因为更多的客人认为这种浓厚的咸味是不健康的。"邵万生的一位女售货员这样说道。"我不喜欢这种变化。味道如果改变了，它又如何标榜自己是'传统而经典'的呢？"生于澳大利亚但在上海长大的高女士这样说道。

许多中国的厨师都会来南货店采购春节菜单的食材，因为这里食材的种类繁多，还有很多传统烹制的食物。

"虽然这些食物通常是菜品中的次要食材，但厨师们认为它们与主要食材一样重要，有时甚

《上海日报》与杜主厨一起在上海第一食品商店中漫步,它是这座城市中最大的食品商场之一,供应从浙江、江苏再到广东所有四种风味的南货。杜主厨针对在家中选择和准备干货及腌制食物提出了不少建议。

肉类柜台是第一站,因为在冬天人们更喜欢多一点儿风味和油脂的食物。金华火腿、腊肉、叉烧、腊鹅、腊鸡和酱鸭都被展示了出来。杜主厨说:"味道浓郁、质地坚硬的食物最好慢慢煮熟,才能释放出全部的风味和香气。"他建议焖、炖、蒸和煨。据杜主厨介绍,金华火腿和腊肉可以和干笋一起炖,从而制作成一道经典的上海新年菜,名为腌笃鲜——口味丰富、美味、富含脂肪的鲜汤。腊肠可以和米饭、大白菜一起蒸,被称为菜饭。腊鹅可以和萝卜一起炖。酱鸭可以简单地用葱和姜一起蒸。杜主厨说:"选择肉类时,先看外观。"例如,优质的金华火腿带有一种枣红色。

下一站是坚果和水果柜台。核桃、榛子、花生、腰果、干枣、龙眼、莲子和柿饼都是非常受欢迎的小吃。杜主厨建议用旺火将各种蔬菜和酥脆的坚果一起煸炒,这样会使口感、风味和香气更丰富。腰果炒芹菜和花生炒芹菜都是经典的上海菜。枣子、龙眼以及五颜六色的蜜饯,是八宝饭的主要浇头,饭主要是糯米配红豆沙制成,是年夜饭的必备甜点。

中国菜重视荤素搭配,相互平衡。干菜柜台前一直都有很多人。干百合、干竹笋和黑白木耳

至更重要,"外滩茂悦酒店的主厨杜先生这样说道,"干燥和腌制后的食物在气味和味道上都得到了集中和强化,这有助于激发出主要食材独特而细腻的味道,给它们以全新的诠释。"杜主厨解释说。

都是人们的最爱。春节期间，上海人都有吃四喜烤麸的传统，有着"四种食物带来幸福"的寓意。这道菜是将黑木耳、栗子、干百合和小麦面麸放在一起炖。

野生木耳具有更强烈的香气和更坚实的口感，所以比商业养殖的木耳价格更贵。杜主厨强调，在下锅烹调之前，所有干货类的食品都应该在水中浸泡直到变大变软，所以厨师们也不应使用太多干货。一般来说，浸泡之后的木耳会膨胀至其干燥时尺寸的 3 倍。

海鲜柜台的右侧销售的是鲍鱼和海参等美味。1 千克海参的价格高达 12800 元，所以没有多少客人。但在左侧，有许多购买虾、黄鳝和扇贝的客人。杜主厨建议我们购买一些奢侈食材作为礼物，可以让朋友觉得更有"面子"。

对于家常菜，虾干可以和豆腐一起炖。长时间的烹饪可以使柔嫩的豆腐吸收虾的所有鲜味。或者厨师也可以简单地先将水母浸泡，然后加醋做出一道冷盘菜。

精致的口味，时尚的环境

中国菜餐厅琵琶蛮位于上海的一家购物中心之中，那里餐饮场所很多，旨在在激烈的竞争下为客人提供最优质的食物。

这家餐厅声称自己供应的是河南省淮扬风味的美食，淮扬菜以其精致的风味和厨师的精细刀工而闻名。然而，它也供应火辣的四川食物，而这也似乎更受食客欢迎。甜点是东南亚风味，使用了大量的椰子和杧果。这里的主厨们曾在常州和成都的五星级香格里拉酒店工作过。

琵琶蛮的装饰如同一座古老的苏州园林，白色的墙壁，绿色的瓷砖，还有悬挂的屋檐。内部小池塘上还浮着一艘真正的木船，园林的感觉更加真实。船上的座位非常受欢迎，如果你喜欢在船上用餐的感觉，最好提前预订。

虽然这里的菜肴价格非常亲民，但是餐具更接近精致的餐饮风格，而且大部分都是定制的，比如鱼形的盘子、装开胃菜的圆木架。

我不是一个辛辣食物爱好者，所以我选择了一些备受推崇的经典淮扬菜。文思豆腐（28元）有着丝滑的口感和干净的味道。豆腐细如发丝，在碗中看起来就像是一朵盛开的花朵。厨师将豆腐和黄瓜炖在一起，使得这道菜有着很好看的白色和绿色。

狮子头，即用酱油红烧的猪肉丸子 (118 元)，是我在餐厅里见过的最大的肉丸，像拳头一样大。猪肉馅和咸鸭蛋黄搅拌在一起，使蛋黄的香气与多脂的猪肉极好地搭配在一起。肉丸尝起来温和柔嫩，适合各个年龄段的人士。

藏书羊肉 (38 元) 就是简单地将羊肉切片煮熟。每片羊肉都是肥瘦相间，每一口都是美味的。主厨为这道菜配了两种不同的蘸酱，但是我个人建议只蘸酱油。

有着酥脆外皮和柔嫩肉质的松鼠桂鱼 (88 元) 具有十分平衡的酸甜味道。据说这道菜是源于扬州，之后在苏州得到进一步发展。鱼的嘴巴被打开，尾巴向上弯曲，使其看起来像一只松鼠。鱼肉被切成绽放的菊花形状，所以有时候这道菜也被称为"菊花鱼"。

最后必须一提的是冰镇秋葵，这道菜让人印象深刻，绿色的秋葵盛放在冰上，底下还有五颜六色的灯照着。顶部还撒着粉红色的玫瑰花瓣，看起来就像是餐桌上的一棵圣诞树，但是它也非常好吃。用秋葵蘸上一点儿酱油，每一口都很清脆爽口。

琵琶蛮

地址 / 松沪路 8 号，百联又一城购物中心 7 层
电话 / 5597-0977
营业时间 / 上午 11:00 至下午 2:00，下午 4:30 至晚上 9:00
人均消费 / 96 元

排队等候正宗美食

在上海，如果一家餐厅前面排着很长的队，那么这就是一个明确的标志——这里供应着正宗的美食。上海的本地人，特别是中老年人，是中国少数愿意花半个多小时的时间耐心等待传统美食的群体之一。全年上海有着最长候餐队伍的众多餐厅之中有三家是商店和摊位。他们成功的秘诀是什么？嗯，他们都提供传统的上海风味美食——以有着本地风味的点心和西式糕点为主，并且数量有限，价格合理。

有一些餐厅的历史可以追溯到几十年之前，而这段时间里主厨们在其整个职业生涯可能完善了四五个品种，以确保菜肴风味的一致，使

得它们可以经受住时间和潮流的考验。所以我们一起排队尝尝这些正宗而美味的食物吧。你可得做好排队的准备哦，但请记住：愿意等待的人总能遇见美好的事物。

素食饺子

地址 / 奉贤路 282 号，绿杨邨餐厅
价格 / 每个饺子 2 元

每天上午 7 点至 9 点和下午 2 点至 4 点，奉贤路上的绿杨邨餐厅都会排起长长的队伍。客人都在等待他们刚刚蒸熟的饺子，这些饺子里装满了切碎的大白菜和细切的蘑菇。饺子的馅

料是春天般的绿色，有着自然甜味的微妙味道。馅料中的蘑菇不仅增加了香气和独特的鲜味，而且赋予了更多的质感。如果这一切还不够，那饺子皮的蓬松光滑多少可以弥补一些不足。

葱油饼

地址 / 茂名南路 159 弄 2 号，阿大葱油饼
价格 / 每个 4 元

这家位于前法租界中的小摊位供应的可能是全上海最有人气的葱油饼了。绰号"阿大"的摊主每天只做 200 个左右的葱油饼，从早上 7 点钟开始。以令人印象深刻的好记性而闻名的阿大能记住常客的各种喜好——从加更多的葱到烤得时间稍微长一点儿，以确保葱油饼酥脆的口感和烤制的香气。

阿大坚持传统的配方和制作工艺，先在浅盘中煎炸，然后再烤，以确保葱油饼吸收所有配料的味道和香气。他在制作中保持葱油饼 1 厘米厚，以使得它们的外皮变得酥脆，内里也有嚼劲。

蝴蝶酥

地址 / 黄河路 28 号 2 楼，国际饭店
价格 / 每包 22 元

这种美食是由位于黄河路和南京路交叉口上的一家酒店创造的，它开业于 1934 年，现如今仍有销售。这种糕点的名称来自它的形状，不过这里的蝴蝶酥是对经典的法国蝴蝶酥的一种本地化改良——传统上是由面团和黄油交

替层叠，卷起并折叠，形成许多片状分层，然后再涂上糖，而上海的版本略大一点儿，尝起来更加柔软，甜味要淡一些，但黄油的香味更浓郁。它有两种口味，原味和芝士口味——适合喜欢美味佳肴的人们。

尽管这家店铺的大门在黄河路上，但有时排队的队伍会一直延伸到南京路上。

从传统到新潮，
所有口味的大闸蟹

对于美食爱好者而言，淡水螃蟹的捕捞季节是一场真正的狂欢。尤其是人们如果以蟹螃宴的形式来享用——即连续的 4~8 道大闸蟹菜肴。听起来一晚上就会摄入很多胆固醇，但很多人觉得这种挥霍是值得的。

2017 年是一个丰收的年份，所以螃蟹的质量很好，价格也合理。而且由于中国人特别注意食材的时间，10 月是享用母蟹的最佳时机，而公蟹则会在稍晚的 11 月下旬成熟。

在小笼包（蒸馒头）和"狮子头"肉丸等菜肴中加入大闸蟹是江南，即长江以南地区的经典技艺。虽然在一年的任何时间里，你都可以买到用冷冻蟹肉和蟹黄做成的这类菜肴，但是品尝这种鲜美食物的最好时间是在 10 月—12 月期间。

上海浦东香格里拉大酒店的中国行政主厨高晓生围绕着淮阳菜长久以来的经典美食打造了本季的大闸蟹菜单，比如融入了大闸蟹蟹肉和蟹黄的狮子头肉丸以及油炸大闸蟹蟹肉和蟹黄。

用手单吃一整只清蒸大闸蟹是一回事，而加入其他食材一起烹调则是另一回事，因为即使是制作最简单的菜肴也需要更多的螃蟹，而且这项任务也非常耗时。

有着多年淮阳菜烹饪经验的高主厨花了近 10 分钟时间才清理完一只重约 100 克的雌性大闸蟹。高主厨表示，要制作一盘油炸大闸蟹蟹肉和蟹黄（300 克）至少需要 1.5 千克蒸熟的螃蟹。

在餐厅, 厨房工作人员通常以流水线的形式工作, 以提高这项烦琐任务的效率——每个人负责从螃蟹的特定部分, 即蟹钳、蟹腿和蟹身中拨取蟹肉或蟹黄。

高主厨还提供了一个处理活的大闸蟹, 尤其是更大、更壮、更具攻击性的公蟹的小贴士:"抓住螃蟹后面的两条腿, 那么无论螃蟹怎么挣扎, 它的钳子都伤不到你的手指。"

传统的大闸蟹菜肴似乎并不复杂, 因为它主要是为了突出螃蟹原始的鲜味和甜味。比如炒年糕大闸蟹, 一道将美味的螃蟹与江南主食结合的菜, 就是典型的中国家常菜式。但对于高档的螃蟹宴而言, 细节非常重要。

经典的淮阳汤菜, 秋露银霜, 翻译过来即是秋天的露和银色的霜, 只使用公蟹腹部的肉, 因为"蟹腿肉更紧实, 而腹部的肉则更柔软。"

而油炸大闸蟹蟹肉和蟹黄只使用母蟹腹部的肉以及蟹黄。玛瑙金丝, 直译为玛瑙和金线, 是一道传统的大闸蟹菜肴, 即将蟹肉、蟹黄和鱼翅放在一起炖。"还有一道我在螃蟹季制作的菜, 名字叫作玛瑙银丝 (即玛瑙和银线), 这道菜用花胶代

替了鱼翅, 因为花胶在我看来更加环保,"高主厨说, "这道菜使用螃蟹腹部的肉和蟹黄。"

高主厨在他的大闸蟹菜单中还使用了更多西式的食材, 比如升级版的大闸蟹狮子头肉丸中添加了西班牙 5J Cinco Jotas 火腿, 让口味得以爆发, 还有一道用大闸蟹和猪肉作为馅料的的特色蒸饺用了一丝黑松露进行调味。

蟹酿橙, 即在橙子中塞入剁碎的蟹肉和蟹黄, 是杭州的另一道特色大闸蟹菜肴。这道菜在制作时先将蟹肉和蟹黄用姜腌制, 然后放入绍兴酒中浸泡, 最后和酒一起装入橙子做成的碗中蒸熟。这道菜有着酸酸甜甜的味道。温热的黄酒是配大闸蟹的理想酒水。这种中国酒精饮品口温和而微甜, 暖身的同时还能补充氨基酸。菊花或桂花茶都是本季的饮品, 也很适合与螃蟹搭配, 可以带出螃蟹的甜味和鲜味, 淡淡的香气也可以清新口气。

无拘无束的想法

上海浦东文华东方酒店中的米其林星级餐厅——雍颐庭的顾问主厨卢怿明 (Tony Lu) 在考虑在打造这个季节的螃蟹宴时可谓是脑洞大开。

他的大闸蟹菜单上大多数菜肴都是对中国经典菜肴的创意发挥。比如，用大闸蟹蟹肉和蟹黄作馅料的酥脆芋圆就是这个粤菜点心的升级版，而且蟹肉和蟹黄代替猪肉馅还补充了芋头的天然甜味。

面疙瘩或面团球是在全国各地都很受欢迎的慰心食物。卢主厨创造了一道炖海参和大闸蟹肉，鲜味十足，可以在寒冷的日子里瞬间让身体暖和起来。

大闸蟹炖豆腐是这个季节非常经典的一道菜，在供应螃蟹的大多数餐厅中你都可以找到这道菜。卢主厨决定基于这道菜肴做一个点心——以大闸蟹蟹肉和豆腐脑为馅料的烧麦（蒸饺）。"这个小烧麦融合了南北方烹饪的口味与风格。烧麦开放式的顶部就像是花蕾一样，这是北方地区比较常见的技艺，而馅料则是真正的南方口味。"卢主厨解释道。

但卢主厨最具创意的菜肴就是蛋奶酥（soufflé），每个季节都会回归菜单的一道标志性菜肴。清淡的蛋清、蟹肉和蟹黄都被包裹在这道美味的法式糕点中。"在巧克力蛋奶酥中，

巧克力的口感和大闸蟹蟹肉和蟹黄的口感非常相似，并且后者的风味和芳香十足，所以我把江南的大闸蟹和西式甜点蛋奶酥结合在一起。"卢说。

卢主厨专注于将自己来自现代美食的灵感和想法融会贯通——蟹肉冻配香槟和鱼子酱是一道将螃蟹、海胆、鱼子酱和无花果醋珍珠的密集风味聚集在一起的融合式开胃菜，鳄梨鞑靼配酒糟肉和荞麦片也是如此。从不超过 200 克的小螃蟹体内彻底分离出蟹肉和蟹黄至少需要 10 个步骤。这是高主厨的演示：

1. 取下蟹腿和蟹钳。
2. 打开螃蟹的顶壳。
3. 小心地取出大闸蟹体内不可食用的部分——螃蟹的肺、肠，尤其是螃蟹尾部一层薄膜下的心脏。
4. 刮下壳里的蟹黄。
5. 刮下内部的蟹黄。
6. 切掉基节，将螃蟹的身体分成两半，然后刮下所有的肉。
7. 切割关节来分解蟹腿。

8. 从蟹腿最厚的部位小心地挑出所有的肉。

9. 切开坚硬的蟹钳。

10. 把肉从蟹钳中刮出来。

创造性地思考

虽然大多数螃蟹菜肴是传统美食，如长毛蟹肉和獐鹿的豆腐，但上海的一些餐馆正在扩大他们的菜谱，将时令食材纳入更多的创意菜肴之中。

创意蟹宴——蟹榭

地址 / 豫园路 68 号 4 层
人均消费 / 每人 200 元（30 美元）

顾名思义，这家餐厅专门提供你在其他地方可能找不到的独特而具有创意的螃蟹菜肴。菜单上最受欢迎的菜品之一是大闸蟹蟹肉和蟹黄炖野生桃胶，桃胶是一种类似明胶的食材，对身体健康有很多益处。这道菜在理念上和玛瑙金丝或玛瑙银丝很像，但口感更加有趣。他们以大闸蟹蟹肉和蟹黄为馅的焗海螺融合了海洋和湖泊的风味，传统的上海葱油面也配有大闸蟹蟹肉和蟹黄。

王宝和酒家

地址 / 福州路 603 号
人均消费 / 每人 260 元

以其螃蟹美食而闻名的王宝和酒家供应传统和创新的螃蟹菜肴。虽然大闸蟹小笼包是比较常见的一种点心，但王宝和还供应一种以猪肉、大闸蟹蟹肉和蟹黄作馅料的咸米饺。

酒池星座

地址 / 石门一路 288 号，太古汇 1 层
人均消费 / 每人 200 元

西式酒吧似乎不太可能是品尝大闸蟹的地方，但是这家新开的酒池星座给食客们带来了一个终极版的米饭，其中有两种配料人们十分喜爱，即小龙虾和大闸蟹。

这个 198 元的创作将大闸蟹蟹肉和蟹黄以及小龙虾与蒸米饭融合在一起，放在石锅中呈上来的。菜的分量很足，味道也很丰富。

宫廷风味的帝王食谱

古代皇宫里的菜肴对于普通人来说一直都是很神秘的东西。无数关于皇室餐桌的故事在一代又一代人之中流传下来。

2017 年 4 月，北京主厨、历家宫廷风味菜的第四代传人历晓麟，来到了上海的一家餐厅，逗留了 3 天，为每晚仅有 30 个预留名额的主厨餐桌准备美食。菜单包括 9 个开胃菜，5 个主菜和 3 个传统的北京甜点。

历主厨抽出时间向我们介绍了清代的烹饪传说，以及他的家族如何以复兴宫廷美食为基础开始发家。在紫禁城内，御膳房有着明确的部门分工：荤局、素局、负责饺子包子等主食的点心局、饭局、挂炉局等。当皇帝用膳时，太监们会从他面前摆放的一百多种菜肴中做出选择。许多菜肴需要花费数天时间制作，而如炒菜之类的其他菜肴是在宫殿的偏殿里烹制的，那里被称为行灶，即移动式厨房。

清代的美食是宫廷饮食传统的缩影。征服了从东北到北京这一片区域的人们把自己的烹饪传统融入了其中。

"康熙皇帝最令人印象深刻，"历主厨说，"他会亲自去打猎，从屠户那里学习如何切割猎物。每当他发现一种自己喜欢的口味时，他都会去研究，寻找原因。"当年康熙南巡途经黄河流域时曾派一些下属去捕鱼。他们抓到的成千上万条鲤鱼大都是为了供应给军队和护卫而专门喂养的。鲤鱼的鲜美味道令康熙铭刻难忘，最终他发现味道最好的鲤鱼来自于黄河特定的一段流域，那里的鱼是用某种特殊藻类喂养的。

唐代的时候，唐玄宗会派最快的骏马到南方将美味的荔枝带回京城，那是他的爱妃杨贵妃的最爱。到了清代，在荔枝变质之前将其运送到北京的方式变得更有创意。在荔枝即将成熟之前，被选中的荔枝树会被人用黄色的袋子裹住，然后将整棵树装入巨大的木桶通过海运的方式送到北京。当货物抵达京城的时候，荔枝刚好可以吃了。

菜肴

历家菜餐厅的宫廷风味菜严谨而周到，大部分的菜肴在别的地方都找不到。

首碟指的是一系列小巧的开胃菜，制作精巧，平衡了清淡和大胆的口味。

烤猪肉馅芝麻包是一道满族特色菜，他们会先将乳猪煮熟，然后将其挂在烤箱中烤制，直到猪皮变脆。雍正皇帝非常喜欢这种烤乳猪，据说 1726 年农历 6 月，他吃了近 300 只（当然，他只吃了最鲜美的部分）。"只有重为 50 千克的猪才能被送到皇宫里烹制，因为它们被认为口味最鲜美、脂肪最合适以及肉皮最好吃。"历主厨说。

炒咸什是一道由胡萝卜丁、腌菜、竹笋和香菜组成的冷盘素菜，它似乎是菜单上最简单的开胃菜，但在古代，这道菜需要两天时间准备。为了保持松脆的口感，炒过的胡萝卜丁必须经过冷却。

燕窝也是皇室餐饮中的特色，而且皇帝每天早晨醒来后都会有一碗用冰糖熬制的燕窝呈到面前。在晚清时期，使用燕窝的菜肴多达数百种，然而在现代美食中，这种食材通常被做成甜味的。

"满族是擅长狩猎的游牧民族，"历主厨说，"他们将野鸡肉切碎与燕窝搭配烹饪。中国东北部地区的野鸡以森林里的松子为食。它的肉是红色的，更加美味。如今，我们用的是普通鸡肉。"

青葱爆炒羊肉也是宫廷里常见的一道菜。选用的羊是一种只能在内蒙古自治区乌珠穆沁找到的品种。传统的葱爆羊肉通过添加孜然来平衡羊肉的强烈膻味，而历家的菜谱与之不同，强调它羊肉和青葱的原味以及简单的调味料。

"鲜，这个描述食物独特风味的汉字，将鱼和羊两个汉字结合在了一起，"历主厨解释道，"中国人喜欢体薄多刺的淡水鱼，因为自古以来'鲜'就一直是中国烹饪传统的核心。中国人讲究口味清淡就是为了保留食物的鲜味。"

家族企业

历氏家族将其祖先追溯到一位身世显赫的满族先人。历晓麟的曾祖父历顺庆（字子嘉）在晚清时期经历了光绪和同治两位皇帝。历顺庆当时是皇宫侍卫的总管，负责皇室的安全。他的职责还包括确保以最高的标准管理皇室的家务事。因此，他负责组织当时所有的皇室宴会，并开发了食谱和菜单。

封建时代结束之后，历氏家族走向了其他行业领域。历晓麟的父亲历善麟是北京首都经贸大学的应用数学教授。他的母亲王晓舟是一名儿科医生。

除了是数学专家教授，历善麟也是一位备受赞誉的厨师，他从自己的父亲和祖父那里学习烹饪艺术。他和妻子经常在家里为朋友、邻居和同事操办盛大的宴席。20 世纪 60 年代的大饥荒时期，当时很难买到猪肉，历善麟就在院子里养了一头猪和 40 来只鸭子。那头 150 千克的猪被宰了用来给历晓麟过满月，那些鸭子都被用来制作北京烤鸭。历晓麟说："当时我们没有烤箱，所以我们把一台巨大的投影机改装成了烘烤设备。"

退休后，历善麟和妻子王女士在北京某条后巷中一间 11 平方米的房间里，将宫廷风味菜转化为家族企业。羊坊胡同 11 号的这家店当时每晚只能接待一桌食客。后来生意取得了巨大成功。政治家、商界领袖、学者和艺术家都来预订位子。

起初,历晓麟没有进入家族企业。他在澳大利亚学习建筑和室内设计。当他回到中国时,他放弃了那些追求,回到了厨房。他帮助家族企业向海外发展。如今,历晓麟在北京生活,监管着国内的分店,包括北京、天津和上海。他的两个姐姐分别在墨尔本和东京经营家族餐馆。

最初的羊坊胡同 11 号店仍然存在,只不过现在有 6 张桌子,可以容纳大约 60 名食客。

厉家皇家菜

地址 / 中山东一路 487 号
电话 / 021-53088071
营业时间 / 上午 11:30 至下午 2:30,下午 5:30 至晚上 10:00

国宴魔法主厨

"有些人生而伟大，有些人通过努力而伟大，有些人被迫伟大。"威廉·莎士比亚的《第十二夜》中的马伏里奥这样说道。当谈及黄欣的生平时，这句名言肯定会从脑海中闪现出来。

曾经，这位资深主厨生长在上海小弄堂里，在他的孩提时代，就开始朝着成为厨师的梦想迈出了试探性的步伐。如今，他在上海虹桥迎宾馆作为一位著名主厨师正自信地大踏步向前迈进。在那里他为国家元首准备国宴，而国宴通常需要 3~6 个月的时间来准备。

很难说黄先生是命中注定要成为一位厨师的，还是因为生活所迫，也可能两者兼而有之。这位年轻的烹饪大师在他还是个孩子的时候就不得不自己下厨做饭，喂饱自己，因为当他放学时他的父母都在忙着工作。但是通过在公共厨房里，从邻居那里实际观察学习，再加上自

己的主动尝试和心灵手巧，不久，他就发现自己可以在很短的时间内做出一道美味的菜肴。

有一段时间，他未来真正的职业被暂时搁浅，取而代之的是想要成为一名足球运动员。黄先生曾是上海一支著名足球队的队员，那支球队隶属于宜川第四小学，即如今的上海普陀区华阴小学。事实证明，这只是华丽的游戏对他的一次撩拨。他很快就意识到自己对足球的热情属于三分钟热度，他更渴望成为一名主厨。

在烹饪学校学习3年之后，黄先生于1988年被分配到上海虹桥迎宾馆，当时他年仅19岁，后来他一直在这里工作直至成为行政总厨。花

了5年时间磨炼手艺的黄先生很快就开始斩获各种奖项，在1993年的一次全国烹饪比赛中，他凭借一道经典菜肴——油煎河虾获得了好几个奖项的第一名。这位技艺娴熟的美食艺术家在之后的烹饪比赛中获得了更多的奖项和荣誉，他曾在香港的一场比赛中用一道精致的上海炒虾蟹腿肉给评委留下了深刻的印象，他将那道菜命名为"花开富贵"。

此后，在黄先生的职业生涯中，他曾在上海100多场国宴和招待会中担任主厨。他一直是团队的催化剂，他们的团队曾为2001年亚太经合组织、2006年上海合作组织峰会和2014年亚洲相互协作与信任措施会议服务过。

"你必须考虑每个国家的民俗风格和饮食习惯，并结合个人喜好来完善每一个细节。例如，大多数外国人不吃腌制的蔬菜，所以我们只用腌制的雪里蕻来制作经典的阿娘黄鱼面，然后在上菜之前把它们拿出来。"他解释道。

2006 年在西郊宾馆为上海合作组织峰会准备迎宾国宴时，黄先生花了 3 个月的时间准备一份菜单，这份菜单不仅要融合各国的习俗和风味，还要保证反映中国的文化和传统。在最终确定之前他对菜单进行了八九次的修改。当时宴会上最出彩的一道菜是祁门红茶熏鸡，这道菜是盛在黄先生从江苏宜兴订购的紫砂壶中的。

这种优雅的中国茶具给许多国家元首留下深刻的印象。"我还根据每位国家元首的兴趣为他们制作了一个 20 厘米高的面团雕塑。我记得弗拉基米尔·普京总统的雕塑是在做跆拳道的动作，胡锦涛主席的是在读书。雕塑和茶具都被客人带回家了。"黄先生很自豪地说道。

国宴上的菜肴是中国和各种国际美食的大融合。黄先生喜欢对经典菜肴做出改变，比如在宫保鸡丁中用腰果代替花生，用塔巴斯科辣酱（Tabasco）、番茄酱和其他调味品制成的混合酱料来降低辣度，以及使用甜椒代替干辣椒。48 岁的黄先生本可以坐下来指导年轻的厨师，但他仍然坚持每天亲自下厨，开发新的菜肴，磨炼自己的技艺。

国际美食

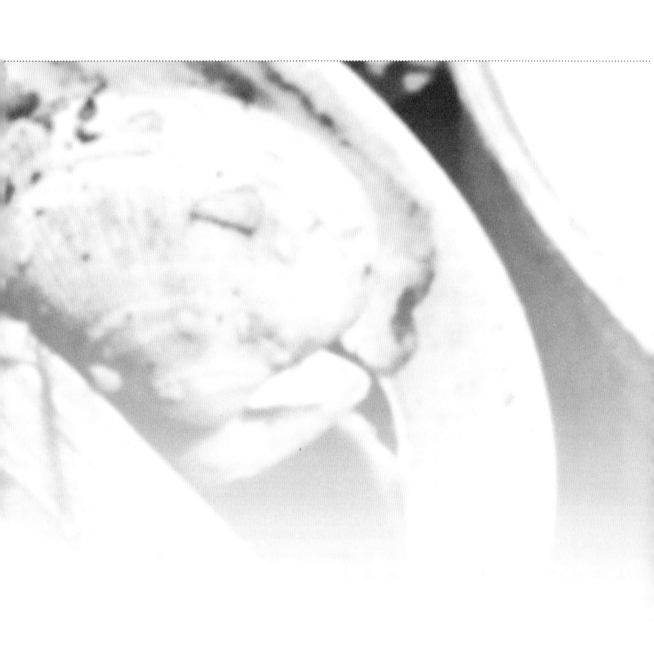

弗留利语问候下的
经典意式美食

满定（Mandi Mandi）是一家传统意式餐厅，就坐落在刚过富民路与巨鹿路交叉口的很小的一个地方。这家小巧的餐厅将自己定位成一家"酒吧咖啡冰淇淋店"。它确是如此，但又不止如此：它还是一片能让客人在温暖怡人氛围下用餐的名副其实的意式美食绿洲。整个空间处于现代的木质嵌板之下，以黑色和橙色为主色调；黑色的椅子和高脚凳成对放置在橙色的长桌旁，此外还配有让客人更舒适的靠枕。

这里空间很小——只有四张桌子和十余把酒吧椅。户外坐席的数量也十分有限，几把木质方凳和一张玻璃桌子，在夏日的夜里倒也是和朋友共饮或分享冰淇淋的好地方。

满定的主人斯蒂芬·温都里尼（Steven Venturini）来自于意大利五大自治区之一的弗留利 – 威尼斯朱利亚，他创办了这家餐厅以致敬自己的家乡。那里很多地域都有自己的语言和文化，弗留利－威尼斯朱利亚也不例外，因为这片地域的大部分人都使用弗留利语。餐厅的名字就是对家乡表示敬意，在弗留利语中"mandi mandi"是打招呼的常用方式。

为了向斯蒂芬·温都里尼的故乡弗留利表示敬意，满定的厨房还制作了传统自制的意大利经典美食。店内的菜单虽然小巧，但有着许多大众喜爱的菜品，比如自制的意式烤面条和浸在奶油或芝士酱里的意式土豆丸子。菜单上还有各种意大利面和主食，比如蛋黄培根意粉、虾肉香蒜酱意粉。满定还供应各式地中海风味的菜品，包括开胃菜、沙拉、帕尼尼、各种芝士三明治、腊肉和新鲜蔬菜。我们试吃了意式芝士土豆丸子，口味极佳。小小的土豆丸子柔嫩可口，芝士酱也非常美味。

当然，如果缺少了提拉米苏这样美味的意式点心的话，那么一顿大餐可就不完整了。和提拉米苏相比，如果你更喜欢冰冻的甜食，这里还有香甜的意式果味冰淇淋。大多数菜品的价格也是很有诚意的，例如，一份意式土豆丸子仅需 60 元。

除了精选的红、白葡萄酒之外，满定还供应着各种意式酒水：柠檬甜酒、各式格拉巴酒、意大利苦杏酒、圣勃卡利口酒、菲奈特以及玫瑰花瓣利口酒(Rosolio)。这里的葡萄酒种类丰富，格拉巴酒也很烈，正如人们对正宗意式餐厅所期待的那样。

如果你当下正渴望着品尝一下意式风味，不妨就来满定吧，这里供应历史悠久的经典意式美食，香甜而又可口，不仅可以满足你的食欲，更能取悦你的味蕾。如果你对这里的食物是否正宗抱有任何一点儿疑虑，只要去问问任何一个经常光顾这个小地方里享用美味酒水与可口食物的意大利客人就知道了。

满定

地址 / 富民路 173 号
电话 / 5403-3918
营业时间 / 中午 11:30 至晚上 11:30
人均消费 / 80 元

品味源自印度的辛辣

随着三明治餐厅 Bikini、老牌鸡尾酒酒吧 El Coctel 以及地下舞厅 Shelter 的先后倒闭,永福路上的餐饮风貌也出现一些了改变,但仍有一个理由值得我们来到这条林荫路: Bombay Bistro, 新近开业的一家印度菜餐厅。

其毫无餐饮行业背景的主人莎梅尔·卡利亚 (Sameer Kalia), 在接手了前身为西班牙菜餐厅 Bo-cado 的二楼空间之后, 魔术般地将它打造成了一家充满时尚而隐秘氛围的地方。

"我们的初衷就是去思考如何让黄油咖喱鸡或咖喱羊肉成为它们本来该有的样子, 然后以最好的方式去呈现这些经典的菜式。我们希望将 Bombay Bistro 打造成一个可以小酌几杯的好去处, 所以我们在招牌的印度风味鸡尾酒上下了很大功夫。"卡利亚说。卡利亚在上海已经生活了十多年，他一直认为纯粹而又复杂的前法租界与好的餐厅之间是相辅相成的。

Bombay Bistro别出心裁的菜单能够轻易将它与其他印度菜餐厅区分开来。"我们尝试着以全新的方式去呈现原本枯燥而平淡的菜肴。我们的主厨来自孟买的著名餐厅Olive，是他创建完成了现在的菜单。你会发现，在中国其他任何一家印度菜餐厅都很难找到我们这里供应的菜品。"他说。

在周末的晚上，这里可谓是门庭若市。我预订了较晚时候的晚餐，然后以他们的创意鸡尾酒沙拉比奶昔开启这趟美食之旅。那是一种加了酒精的，印度民族口味酸奶基底饮料，里面混合着椰子酒、百利酒、杧果和甜味酸奶。

诸如孜然、藏红花等印度香辛料也被融合了进去，这一点我很喜欢，它是开始一个夜晚的极佳方式。我点了软壳蟹"65"（98元）和孟买抓饭（78元）作为前菜。

软壳蟹的制作方法很简单，只要将蟹肉捣碎，与传统的南印度混合香辛料搅拌之后再用少量的油煎熟就可以了。对于偏好咸重口味的人来说，这道菜可谓是理想选择。孟买抓饭（Bombay Chaat Medley）的摆盘很精美。这盘在印度大有人气的街头食物看上去就十分诱人。其外文菜名中的Chaat指的就是街边小吃。这次晚餐的重头戏是三种风味的印度烤串。我点的是鸡肉烤串和印度奶酪烤串。

两者都饱含北印度烹饪的精髓，让人印象深刻。三种风味指的是三种酱料：经典、芥末酱和鲜奶油。

BOMBAY BISTRO

地址 / 永福路 47 号 2 楼
电话 / 5468-0090
营业时间 / 上午 11:30 至下午 2:30
人均消费 / 220 元

时尚的土耳其美食热点

开业三周后，外籍人士与时尚的本地人似乎都已经接纳了这家于平日里是土耳其地中海风格的餐厅、一到周末就化身为热闹的土耳其酒吧 Pera。

这里有着众多值得一试的美食。Pera，作为上海 158 坊里为数不多的餐厅兼酒吧之一，必将成为下一个美食目的地。

Pera 和 2009 年在南昌路上开业的 Pasha 是兄弟品牌，但与之不同的是，Pera 并非只供应在 Pasha 备受推崇的传统肉食，还有其他更

多的选择。海鲜是这里的主打，其配方来自于土耳其爱琴海上名为博兹贾阿达的一个小岛。在这里，你将品尝到各式各样的土耳其美食。

我点了几道梅泽开胃菜作为这次晚餐的开始。在它们之中，酸奶黄瓜酱、鹰嘴豆泥和烤辣椒酸奶 (Atom) 都可以当作美味的蘸酱，每一种都混合着香辛料，并伴有大蒜和橄榄油。鹰嘴豆泥稍显发干，但烤辣椒酸奶却是红辣椒与脱乳清酸奶的绝妙组合。严格按照土耳其西部配方制作而成的特色海鲈鱼 (Levrek Marine)

是力荐菜品之一。柔嫩的海鲈鱼浸在了特制的芥末柠檬酱汁里。由于西方餐饮中香辛料的使用较少，所以这道菜的口味并不异常强烈。另一道地中海美食是章鱼沙拉，里面有腌菜、莳萝、柠檬和橄榄油。

紧接着是各种前菜，特制的混合烤肉拼盘也被送了上来。这是一种土耳其主食，盘里优质的牛肉、羊肉和鸡肉被烤得恰到好处，肉食爱好者们绝对无法抗拒这样的诱惑。这些肉都经过特制香辛料的调味，所以口味本身就非常别具一格。如果你更偏爱海鲜，那么可以试试土耳其特色烤鲈鱼。鉴于这里食物的品质，菜品的价格也都是很合理的。

千万不要忘了点雷基酒 (Raki)，它可是土耳其的国民饮料，又被称为狮子奶。它是由蒸馏后的葡萄和洋茴香制作而成的，味道很像希腊的茴香烈酒以及法国茴香酒。雷基酒经常和冰水搭配在一起饮用。如果你不喜欢加冰水的口味，那么强烈建议你点上一杯雷基酒加入欢乐的人群中去。

PERA

地址 / 巨鹿路 158 号 B1 层
电话 / 6333-3758
营业时间 / 下午 4:00 至清晨 2:00（周一至周五），
上午 11:00 至凌晨 2:00（周六、周日）
人均消费 / 200 元

迁址精致新店的
融合美食

T8 餐厅,作为在上海屹立时间最长的餐厅之一,悄无声息地迁入了湖滨路上的一家新兴购物中心里,与它在新天地石库门建筑中的旧址相距两个街区。新店的装饰保留了体现着旧址石库门建筑风格的雕花屏风,还有朴实的色调以及体现 20 世纪 30 年代大上海的微妙元素。

新 T8 餐厅没有设在新天地里边,所以周围也没有了鳞次栉比的"邻居"。新店里不仅有一个在市中心难得一见的巨大露天平台,还有着一个餐厅阳台。有了这样两个平台,客人既可以选择远眺城市的天际线,也可以选择欣赏附近的湖泊、花园以及石库门的弄堂。

我的这次晚餐从阿拉斯加雪蟹鞑靼 (128 元) 开始。这道开胃菜的摆盘非常精致,极具艺术性,

也很符合亚洲人的口味。这道菜在蟹肉里混合了新鲜番木瓜、鳄梨酱、面包片和浓缩意大利醋。至于这里的另一道招牌开胃菜——香煎芝麻金枪鱼——我倒是觉得稍稍逊色于雪蟹鞑靼。

鹅肝三重奏是我最爱的开胃菜。从煎鲜鹅肝到鹅肝慕斯再到鹅肝酱,你可以在一道菜中品尝到鹅肝的三种不同吃法,实在是一次味觉盛宴。至于主菜,千万不要忘了牛排。这里所采用的是顶级的澳洲和牛牛肉 (600 天谷饲全血牛肉) 以及澳洲黑牛肉 (400 天谷饲和牛牛肉)。我点的是澳洲 5 级和牛柳,事实证明这是明智之选。

在吧台区,技艺娴熟的酒保非常细心地供应着各种精心调制的鸡尾酒,以保证在餐厅待到深夜的客人可以得到全面周到的服务。从旧址迁出并像前迈进了一步的 T8 餐厅,现如今成了一个跨越两层空间的更加精致的夜生活目的地。

这里还供应十分实惠的午间套餐,包括前菜、主菜、点心以及一杯饮品,仅需 158 元。这里无疑是市中心商务用餐的理想之选。

T8

地址 / 湖滨路 168 号 3 层 W08—W10
电话 / 6355-8999
营业时间 / 上午 11:30 至晚上 12:00
人均消费 / 400 元

博雅为上海带来正宗的
以色列美食

博雅

地址 / 南京西路 1818 号, 1788
国际中心 1 层
电话 / 1368-1723-754
营业时间 / 上午 11:00 至
晚上 12:00
人均消费 / 150 元

于南京西路 1818 号, 1788 国际中心一层新近
开业的博雅是一家不断制造着传统与现代风
味的以色列菜餐厅。店内的装饰十分简约, 为
这里的以色列美食体验奠定了一种休闲随意的
基调。蓬松的皮塔饼、自制的佛卡恰面包、精致
的法拉费、莎舒卡、鹰嘴豆泥和烤肉卡巴巴会
让你感觉如同在以色列人的家中用餐一般。

我以经典前菜法拉费、鹰嘴豆泥还有温热蓬松
的皮塔饼开始了我的晚餐。鹰嘴豆泥一直是我
的最爱, 而这里的鹰嘴豆泥是我在全上海吃
过的最好吃的。它是由压碎的鹰嘴豆、芝麻酱、
柠檬、橄榄油、盐和大蒜精心制作而成, 口味
鲜美而又益于健康。就着几块皮塔饼, 我很快
就将这份鹰嘴豆泥吃得干干净净。

精致的法拉费是另一道必尝的开胃菜。这道
油炸鹰嘴豆泥丸子是非常经典的以色列美食,
它在以色列就如同汉堡包在美国一样常见。它
们常常被放在皮塔饼的上面, 然后一起呈上
餐桌。你可以用这些丸子蘸上新鲜制作的酸奶
酱或者芝麻酱, 那可是开启夜生活的绝妙小吃,
当然你也可以夹在皮塔饼里一起吃。

肉食爱好者可绝不能错过这里的烤肉卡巴巴
配烤茄子与特制芝麻酱。有着嫩滑口感的微
微熏烤的茄子和多汁的烤羊肉搭配一起, 那
可是无与伦比的美味。其他高人气菜品还有莎
舒卡套餐、海鱼卡巴巴和鹅肝酱。

Dodu 为上海带来
经典法式烤鸡

色泽金黄而又香嫩多汁的法国经典转炉烤鸡可谓不可多得的美食。而随着近日法式烤鸡店 Dodu 的正式开业，如今在上海你也可以享用如此吮指美味的烤鸡了。

在法国，人们经常会买外卖烤鸡回家中作为一家人的简便晚餐。位于常熟路上的 Dodu 也为上海当地人提供了类似的选择。同时，这里还有一个用餐区，你可以点上一杯红酒或者啤酒，坐下来吃上一顿简单便餐。

店内两层的空间是古铜色主色调的装饰。进口的旋转烤肉机被放置在一楼最显眼的位置，而烤架上那些正在制作的烤鸡无疑是整个店里最精彩的部分了。从奉贤区供应商那里找到优质的散养鸡又花费了老板雨果 (Hugo) 更长的时间。店里所选用的是红冠三黄鸡，一种在本地桃、李园中散养的优质法国肉鸡品种。这

些鸡只吃天然谷物、喝纯净水，鸡肉中 100% 绝对不含激素、类固醇和抗生素。

鸡肉被放在巨大的烤炉中缓缓烤至金黄，而鸡肉下面就是用烤鸡汁烘焙出的脆皮鸡汁烤土豆。串在烤架上的鸡肉香气四溢，仅靠酥脆金黄的外皮也足以吸引你下单购买。在周末的晚上这里有时会排起长队，所以用餐者需要耐心等候。

主厨首先会用迷迭香、百里香和特级初榨橄榄油对鸡肉进行调味，等腌制一小时后再在放入烤炉慢烤 90 分钟。你可以点四分之一、半只或者整只烤鸡，价格分别是 58 元、108 元和 198 元。由半只烤鸡和两份配菜组成的双人份套餐则需要 138 元。烤鸡十分的香嫩多汁，不会有任何发干的口感。再蘸上一点儿烤鸡酱（烤鸡汁精制而成）的话就更美味了。

这里还有各种自制酱料供客人挑选，包括传统的法式蒜泥蛋黄酱和当日特色酱料。配菜则包括鸡汁烤土豆、豌豆胡萝卜以及杏仁西兰花。除了经典的法国风味烤鸡，这里还有着 Dodu 亚洲风味烤鸡，它是由秘制本地香料、生姜、酱油和蜂蜜腌制后烤制而成的，为烤鸡爱好者提供了再来这里尝试不同口味的机会。

DODU

地址 / 常熟路 81 号
电话 / 6431-5176
营业时间 / 下午 6:00 至晚上 10:00（周二至周六），
上午 11:30 至下午 6:00 （周日）
人均消费 / 100 元

正宗法国菜 Bistro 321

自从两年前开业以来，位于林荫遍布的新华路上的 Bistro 321 Le Bec 就一直供应着高品质的家常菜肴。这家正宗的法国菜餐厅是这条别墅林立的街道上的第一家高端欧式餐厅。几乎每天晚上这家小巧却温馨的餐厅里都会坐满了慕名而来的上海美食爱好者。

Bistro 321 设立于一幢华丽的殖民地时期花园别墅之中，其建筑本身就有着巨大的吸引力。这家店沿街的户外场地上摆放着许多漂亮的绿色桌椅，春天和秋天的时候，客人都很喜欢在这片场地用餐和共饮。温馨的室内场地有着质朴的装饰风格，一罐罐的特色菜以及每日点心都被展示了出来。

Bistro 321 所供应的各种咸鲜罐里有着不同填料：从卤制烟熏的三文鱼佐柠檬叶到 5 种调料腌制的猪肉和鸭肉块等（价格为每罐 110 元之 280 元不等）。我选择的是鳄梨酱、金枪鱼碎末佐番茄果冻（125 元）以及巴黎风味烟熏嫩鲱鱼（125 元）。呈上来的这两道咸鲜罐非常小巧可爱，口味也非常地真实。作为一个鲱鱼爱好者，同时还有着阿尔萨斯白比诺酒佐餐，这道菜的每一口都让我非常享受。

享用完前菜之后，我又从这里有着"不可错过的必点之菜"的那页菜单上点了一道外脆里嫩蛙腿（8 只 220 元），菜单上还有一些不容错过的正宗法国菜肴。这道与法国渊源颇深的牛蛙腿被处理得恰到好处，看上去就很有食欲，令人食指大动。

菜单上的绝大多数菜品都是你对法式餐厅所期待的经典菜肴。即便是常客也一定不会让你感到乏味，因为菜单上的选择非常丰富。酒单上的酒水也是大多产自法国，包括阿尔萨斯、卢瓦尔以及勃艮第。Bistro 321 的精彩正宗一直持续到最后一菜，甚至餐后呈上的甜点也同样美味至极。

BISTRO 321 LE BEC

地址 / 新华路 321 号
电话 / 6241-9100
营业时间 / 下午 6:00 至晚上 12:00（周二），
上午 12:00 至晚上 12:00（周三至周日）
人均消费 / 350 元

供应卓越意大利美食的
隐秘餐厅

Casa Mia 是一家在上海日渐时尚的美食风貌中难得一见的提供传统地中海风味美食的餐厅。这家店非常地真实，如同家一般温馨，每天晚上都会为到场的每一桌客人精心制作正宗的意大利美食。

开业 4 个多月的 Casa Mia 是全上海最隐蔽的餐厅之一，它位于东湖路与淮海路交叉口东

湖宾馆 9 号楼的地下室之中。这家仅有 30 个餐位的餐厅里混用着中式与欧式的家具，四周还随意摆放着各种物件，如同起居室一般。置身其中，一下子就可以让你联想到地中海当地人家中的情景：一位意大利祖母一边搅动着一盆肉酱，一边往里面添加着新鲜的意大利面。这片空间有着让你如同回到自己长期居住的家中一般的独特魅力。

餐厅的主人于先生先前就曾在富民路上开办过一家名为 Dolce Vita 的很有人气的意大利餐厅。经过一段时间的休息调整之后，他又开始了这次新的计划。这一次，他亲自管理餐厅的厨房。"我们这里没有菜单。我都是用当天早上由供应商送来的海鲜进行烹饪的。我希望我的客人吃到正宗的、不吹嘘的以海鲜为主的意大利美食。"于先生说。

我点了一道美味的海鲜沙拉作为这次晚餐的开始。它是由章鱼、西芹、西红柿、橄榄和洋葱制作而成的，是正宗的地中海风味，你完全可以尝出这道菜的新鲜度。沙拉之后是有着微辣汤汁的蒸贻贝，一道简单美味而又适合分享的菜肴。

蟹肉意大利干面是这次晚餐中最精彩的一道菜。自制的意大利干面搭配上蟹肉和圣女果，再加上刚好适量的橄榄油与黑胡椒，可谓是无比的美味。它是我这么长时间以来在上海吃到的最好的意面之一。

这次的晚间套餐还包括一道主菜：烤明虾与肉丸配土豆泥。它和其他几道菜一样非常的美味，是理想的冬日慰藉美食。

菜品的分量不大，但 Casa Mia 的食材都有着极高的品质。包括前菜、意面、主菜和点心的晚间套餐的人均花费为 350 元。另外，这家很私密的餐厅不接受信用卡支付。

CASA MIA

地址 / 东湖路 7 号东湖宾馆 9 号楼
电话 / 137-6137-4221
营业时间 / 下午 6:00 至晚上 12:00
人均消费 / 400 元

兼具美味佳肴与友好服务的
Opposite

由裴先生和胡先生创建的 Opposite 餐厅是建国路与嘉善路交叉口上新开的一家给人感觉非常友好的餐厅。这家餐厅主打精致而又亲民的欧洲菜，非常适合亲密晚餐或舒适的周末早午餐。

它坐落于一栋沿街的两层花园洋房之中。一楼是有着舒适沙发椅的酒吧，在这里你可以品尝到由徐先生精心调制的创意鸡尾酒，他曾在陕西北路地下酒吧 Flask 工作过。二楼是用餐区域，在这里你可以享用精心制作的欧洲菜。餐厅内部有着十分简约的装饰风格，现代家具井然有序地摆放在这片明亮的空间里。

Opposite 是胡先生同他的挚友裴先生一起创办的第一家餐厅。餐厅执行主厨裴先生擅长于探索和研究地方美食与烹饪风格。而胡先生，曾在外滩三号开了一家 Mercato 乔治西餐厅。正是他的执行能力和管理经验让两人开始了合作。

近日里的一个周末，我来到这家餐厅尝试了早午餐菜单。这里的早午餐套餐包括一道前菜，一份汤或沙拉，一道主菜以及一杯果汁或者咖啡，价格为 168 元。每人额外支付 180 元，2 小时内你可以尽情畅饮起泡葡萄酒。

作为这次早午餐的开始，我点了鸡肝酱、蜂蜜和烤面包，而我的朋友选择了里科塔芝士、蜂蜜榛子、红菜头、松露油和烤面包。它们都是装在很可爱的玻璃罐中呈上来的。涂在蜂蜜面包上的自制鸡肝酱非常美味，让我无法自拔。里科塔芝士也是烤面包的绝佳搭档。

当日的特色主菜是意式叉烧饭。裴主厨特意在早午餐菜单中增加了这道本该出现在晚餐菜单中的菜品。中国的烤肉饭（叉烧饭）是一道备受人们喜爱的广东菜。而来自广东的裴主厨则是用意大利烩饭代替中国的米饭，以一种全新的方式来呈现他的家乡美食。

还有几个这里的招牌晚餐菜品也出现在了这份早午餐菜单上，比如香辣金枪鱼鞑靼、酸奶牛油果酱、番茄薄脆和油封鸭腿。除了这些精致的美食以外，这里的服务也无可挑剔。细心的员工着实为这里氛围增色不少。圣诞和新年，Opposite 将在这两个节日提供特别定制的菜单。

OPPOSITE

地址 / 建国西路 222 号 2 层
电话 / 6427-0127
营业时间 / 下午 6:00 至晚上 11:00（周二至周日），中午 12:00 至下午 3:00（周末）
人均消费 / 200 元

The Cannery 带你畅享
西海岸风味

借着姊妹餐厅 The Nest 如日中天的势头，The Cannery 餐厅也马不停蹄地开始在上海餐饮业中大展一番拳脚。餐厅经理马克·克里斯普恩(Mark Klingspon)说他是在去年十月份创办了 The Cannery 餐厅，而当时开业仅有七个月的 The Nest 餐厅已经是一片蒸蒸日上的景象。

The Cannery 餐厅内部装饰的灵感主要来自于克里斯普恩的家乡温哥华以及北美西海岸。这家餐厅的睿智设计是克里斯普恩与上海 MQ 工作室的安迪·赫尔(Andy Hall)再次合作的成果。灰色的主色调象征着火焰下的灰烬，而四周墙面上的黑色炭化木材搭配古铜色的吊顶很容易让人联想到熊熊的火焰。

"我们对食物的理念就是以所有能想到的方式制作出美味的鱼和其他海鲜类食物，包括刺身、烧烤、实木烟熏、清蒸、罐装以及腌制。"克里斯普恩说。

菜单上最受欢迎的菜品要属在吧台现场烹制的清蒸加拿大进口蛤蜊。"客人可以从啤酒、葡萄酒和米酒中选择一种作为清蒸用水。然后一边在吧台旁闻着清蒸时散发的香味，一边用面包去蘸碗中的汤汁，可谓是人间乐事。所以，我们这里的蛤蜊都是按公斤出售的。"克里斯普恩说。尽管我没能尝到这些有人气的蛤蜊，但我点的黄鳍金枪鱼下巴也出乎意料的美味。主厨弗兰迪(Freddy)在制作这道菜时先是慢慢地烟熏，然后腌制，最后以木炭烧烤结束。成品菜的口味非常独特，而且金枪鱼身上这块不寻常的部位有着很多肉。罐装菜肴

THE CANNERY

地址 / 愚园路 1107 号，
1 号楼 106
电话 / 5276-0599
营业时间 / 下午 5:00 至
凌晨 12:00
人均消费 / 300 元

是这里另外一种热卖食物，招牌菜是罐装鸭肝慕斯。这道菜还加入了波旁威士忌调味，是一种非常适合搭配一大罐啤酒或者一小杯葡萄酒的简易点心。

不得不提的还有这里的鸡尾酒。如果你是第一次来，一定要尝一下这里大有人气的招牌鸡尾酒蒙特利尔之骡，那是基于莫斯科之骡的一种全新尝试。他们将配方中传统的伏特加换成了烟熏樱桃木桶装的加拿大俱乐部威士忌，然后再与姜汁啤酒一起调制，形成了一种类似酸橙和日本柚子茶的味道。

落户衡山路上的
哈瓦那美食

源自哈瓦那的古巴全球连锁餐厅 La Bodeguita del Medio 在上海安家落户了，它就在林荫遍布的衡山路上，紧邻徐汇区新兴的餐饮综合体永平里。一提到古巴，人们最先想到的就是莫吉托、雪茄以及充满异国风情的十分热情的当地人，但是这家十分宽敞的两层空间的餐厅兼酒吧所能提供的可远不止这些简单的乐趣，你还可以体验更多丰富多彩的古巴特色。这家餐厅的内饰十分悠闲惬意，内部还有一个供乐队演出的舞台，当然了，演出以拉丁音乐为主。四周的墙上挂满了各种相片——哈瓦那的街景以及餐厅接待过的名人和其他展示古巴的装饰品。

于 1942 年开业的第一家 La Bodeguita del Medio 被公认为欧内斯特·海明威最爱的莫吉托鸡尾酒的诞生地，这位著名作家在哈瓦那期间曾经常造访这家很有人气的餐厅。尽管与哈瓦那的第一家餐厅相比少了些象征意义和历史感，但上海这家店的莫吉托也同样非常正宗——薄荷的怡人香气搭配分量恰到好处的朗姆酒、糖、酸橙汁以及冰块。与上海其他地方供应的大多数莫吉托比起来，这里的口味稍微强烈一些。

在享用这杯清爽美味的莫吉托的同时，我还研究了这里的食物菜单，尤其关注了上面的古巴

和南美菜肴。店内服务人员向我推荐了古巴特色拼盘 (368 元)，它是第一次来到这里的客人点得最多的一道菜。

那是一大盘有着各种令人垂涎的美食的菜肴，包括烤猪排、古巴风味鸡翅、碎牛肉、黑豆米饭、木薯薯片、香蕉片、牛油果和克里奥酱料。这道菜非常适合两个人一起分享。其中的烤猪排和黑豆米饭是我的最爱。黑豆米饭，顾名思义就是用黑豆和大米烹制的，是古巴人的一种主食，而猪排肉质也十分鲜嫩。

在享用这一大盘古巴风味美食之前千万不要忘了点一份酸奶油辣豆汤 (48 元)。这道汤并没有菜名暗示的那般辛辣，酸奶油和豆汤混合在一起造就了一种十分有趣的口感。

LA BODEGUITA DEL MEDIO

地址 / 衡山路 191 号
电话 / 58-0071-4883
营业时间 / 上午 11:00 至清晨 1:00（周日至周二），
上午 11:00 至清晨 2:00（周三至周六）
人均消费 / 200 元

在家一般的环境中享用
奢华的意大利美食

有时候抉择也是一种负担。主厨萨巴多·朱利奥安东尼奥 (Giulioantonio di Sabato) 则是决定在其创办的 Salotto G 餐厅二楼供应他独创的具有现代风味的主厨菜单。这家休闲而又奢华的独特餐厅有着开放式的厨房，食客们可以亲眼看到主厨萨巴多准备各种精致菜肴的全过程。Salotto G 餐厅环境温馨惬意，如同家中的起居室一般，你可以呼朋唤友一起来这里享用美味佳肴。在餐厅二楼你可以尝到由 Sabato 制作的别出心裁的菜。

我的这次用餐体验是从一杯清爽的普罗赛克葡萄酒开始的。接下来是前菜：鹅肝酱烤面包配无花果、葡萄果冻和香珠。这道美味的前菜会让你经历一次味觉盛宴：首先你会为鹅肝酱柔嫩的口感和绝妙的味道而惊叹，然后是柔和甜美的葡萄果冻，最后意大利香醋会在你的舌尖留下萦绕不绝的复杂而浓香的味道。下一道菜帝王虾配芫荽甜椒，也十分可口。但紧接着的第一道主菜才是最精彩的部分，意大利粗管面里面填充了烤鳕鱼，搭配由黑橄榄、番茄干和马郁兰熬制的番茄汤。这是一道非常正宗的意大利风味美食，每种食材的天然风味都被很好地发挥出来，尤其是番茄的汤汁简直令人叫绝。

点心果酱饼干配甘草酱、杧果冰淇淋和酸浆果着实把我惊艳到了，各种口味的搭配十分完美，是晚餐收尾的绝佳选择。这里的主厨定制菜单分为两种，不含葡萄酒每人收费 488 元，包括葡萄酒在内则需再加 200 元，即每人 688 元。

Salotto G 餐厅可以满足意大利美食爱好者的各种期待。如果你不喜欢二楼的主厨菜单，还可以选择在一楼酒廊这个私密的空间内享用轻松愉悦的开胃酒水或者休闲食物。这里的招牌菜品有罗马风味玉棋、意式品萨以及意式海鲜烩饭。不要忘了品尝这里经典而又有创意的鸡尾酒：Farmer Old-Fashion, Bellisima oh! 以及 Mr G。每天晚上 6 点至 8 点，这里的鸡尾酒还有买一送一的活动。

SALOTTO G

地址 / 武定路 1019 号
电话 / 5271-5758
营业时间 / 午餐：上午 11:30 至下午 2:30（周一至周五），
上午 11:30 至下午 3:00（周六、周日）
酒廊：下午 5:30 至清晨 1:00（周日至周四），
下午 5:30 至凌晨 2:00（周六）
人均消费 / 500 元

158 坊喧嚣中的休闲
意大利避风港

Mito 餐厅位于当下最受欢迎的餐饮综合体之一的"158 坊"之中，它充满了强烈的而又惬意的现代气息，且内部装饰以淡粉色为主。这家餐厅的设计团队巧妙地运用了粉色的威尼斯水磨石，这种过去常常被用作教堂地板的传统意大利建材在如今却非常的时尚。沙发和天花板上的藤条充满了欧洲南部的气息，而墙上的一些大理石瓷砖则有着典型的教堂或纪念碑的外立面风格。

餐厅老板以不同的方式使用了典型的意大利材料，从而创造出上海许多餐饮场所中难得一见的非常清爽的氛围。他们希望将这些古老的意大利元素变得更加时尚和现代化。这是一家尽管年轻时尚，却让人感觉更加亲切的意大利餐厅。

特别是考虑到它特殊的地理位置——位于158 坊众多喧闹酒吧的环绕之中，Mito 餐厅在为客人创造出轻松雅致的氛围的同时，还能为这里的食物和装饰风格一样令人耳目一新。Mito 所供应的经典意大利美食里融入了很多传统配方中不会使用的现代食材。与传统的意大利餐厅菜单上的前菜、主菜和甜点不一样，这家餐厅菜单上的菜肴更适合多人一起分享。

我尝试了这里的意式香蒜酱扁面。这道菜并没有使用传统配方中的绿豆角和土豆。在制作过程中他们用秋葵替代了绿豆角，使得这道菜的口感变得更加清爽。

烤宽面千层饼是单层的，上面有菠菜脆片，很像典型的博洛尼亚烤宽面——通常是用烤箱烤出一层酥脆微焦的菠菜面皮。许多开胃菜和主菜都十分美味无可挑剔。你可以从吧台点一杯阿贝罗起泡酒作为开始，在这家餐厅享受一次完整的用餐和饮酒体验。这家餐厅可能是上海唯一一个供应桶装起泡酒的地方，而它的大多数邻居供应的都是桶装啤酒。享用完正餐不妨再来一瓶内格罗尼酒，它是预先装在密封瓶子中冷藏过的，随时可以饮用。

MITO

地址 / 巨鹿路 158 号
电话 / 158-0038-0152
营业时间 / 下午 5:00 至清晨 2:00（每日），
上午 11:00 至下午 3:00（周末早午餐）
人均消费 / 200 元

与夜间出行绝配的美国南部
风味美食

在上海，似乎每周都会有提供精致食物与饮料的休闲餐厅开店营业，Palmetto 餐厅也是其中之一，而且值得一去。位于 800 秀的 Palmetto 前身是卡津菜餐厅 Ruijin Cajun，供应传统的美国南方家常料理。这是与美国南卡罗来纳州和沿海乔治亚州的饮食传统密切相关的美食。在那里，人们不是为了生存而去吃饭。似乎他们活着就是为了享受美食。

在我造访这家餐厅的期间，主厨加文·麦卡利尔 (Gavin Mcaleer) 告诉我说他做"慰心餐"和家乡菜。来自于美国南卡罗来纳州查尔斯顿的加文曾经在家乡经营过一家餐馆。从菜单上的菜品你就可以了解到美国南方乡村的人们喜欢吃的食物：水煮花生、玉米面包配高粱黄油、魔鬼蛋、鲜虾玉米粥、南方风味炸鸡以及乡村炸牛排和

烘肉卷。幸运的是，我们不需要飞到美国南方就能品尝到这些美味佳肴。

我这次晚餐的第一道菜就是美国南方的官方小吃——水煮花生(18 元)——啤酒的完美搭配。玉米面包配高粱黄油 (18 元) 也是我很喜欢的一道菜。涂满黄油的玉米面包口味微甜，入口即化。高粱黄油也非常诱人，涂在刚出炉的热玉米面包上实在让人难以抗拒。

Palmetto 必尝的招牌菜是鲜虾玉米粥 (78 元)。美国南方的人们超爱新出海的鲜虾，也超爱他们的粗玉米粉。当这两种食材搭配在一起，再配一些香肠和香辛料，你就得到了一盘珍馐。这道传统美国南方人民的最爱是将鲜嫩的虾肉放在用芝士和牛奶调过味的玉米粥上制作而成的。他们还将这道经典菜看和其他食材搭配起来。除了虾，你还可以选择烤肉、鲶鱼或蔬菜。

吃完玉米粉之后我几乎饱了，但仍然无法抗拒南方风味炸鸡配凉拌卷心菜、酸黄瓜和饼干(68 元)。没有人可以抗拒美国南方的经典美食，特别是当它再搭配上阿拉巴马州那白色浓郁的肉汤。

PALMETTO

地址 / 常德路 800 号 A3-1
电话 / 3255-3368
营业时间 / 上午 11:00 至下午 2:00 (午餐套餐)，下午 2:30 至晚上 10:00 (单点菜单)，周一闭店
人均消费 / 120 元

美味又实惠的
意大利面餐馆

上海意大利美食风貌中的最新成员 Da Camilla 是一家位于新闸路和陕西北路拐角交叉口的一个小小的两层意大利面餐馆。Da Camilla 的独特混搭理念——为食客提供 80 种不同的意大利面与酱料的组合——吸引了我们来这里品尝美味的意大利饺子和意大利面。

一层与二层的隔层之间是由曲线流畅的木制楼梯连接着的。在一层的前面有一块展示区域，里面摆满了橄榄油和其他意大利烹饪必需品。客人们可以直接到前台点餐，然后交由位于隔层下方、用玻璃封闭着的开放式厨房现场制作。

Da Camilla 最吸引人的地方之一就是其包罗万象的菜单了。他们这里提供 10 种不同的酱料，从最便宜的橄榄油干酪罗勒酱，到中等价位的培根蘑菇奶酪酱，再到更昂贵的香蒜酱。这还没完，这里还有着数量超过 11 种的完全不同的意大利面食选择。如果你选择短意面，如意大利螺旋面和意大利豆面团，是没有额外费用的，而如果你选择的是长意面（即常见的意大利细面）和意大利饺子（如意大利蘑菇馅饺或意大利菠菜奶酪方形饺），则会分别额外收取 10 元和 20 元。这家餐馆还供应各种汤和咖啡。这里最好也最实惠的就是他们的午餐套餐了——78 元的套餐包含一碗汤、一份意面加一杯饮料，而 108 元的套餐除了这些之外还包含一份糕点和一杯咖啡。

我们尝试了这里的意大利蘑菇馅饺配松露橄榄油干酪酱，以及意大利菠菜奶酪方形饺配番茄罗勒酱。我们还加了一些橄榄油和香料。虽然饺子的馅料差强人意，但是制成饺子皮的意大利面味道很好，酱料也很不错。蘑菇馅饺子的分量也不多。方形饺稍稍有点火候不足，但也和这里定制意大利面食的特点相符。总而言之，一切都是很不错的，价格也很实惠。

DA CAMILLA

地址 / 陕西北路 600 号
电话 / 158-0038-0152
营业时间 / 下午 5:00 至清晨 2:00（每日），
上午 11:00 至下午 3:00（周末早午餐）
人均消费 / 200 元

重整旗鼓后，
菜肴一如既往的美味

从林荫密布的前法租界到不断壮大的法国人社区，法国一直对上海影响很大。而谈到美食时，自从法国名厨 Jean-Georges Vongerichten 在这里创办了一间餐厅，为上海的吃货们奠定了当代法国美食的高标准之后，已经过去十多年了。

先前隐蔽的、位于接待大厅里的古典拱形圆柱如今重新出现在人们眼前，展示着它们的优雅形态；富有层次感的渐变玻璃与镜子里映射着外滩的景色；整个空间里布满了黄铜色的物件，增添了一种金属感。正是这样一处精心设计的终极版用餐空间引领着 Jean-Georges 餐厅走向一个全新的时代。

尽管整个环境焕然一新，但这里的食物仍真实地反映着主厨 Jean-Georges 的烹饪哲学——在保留住各种食材的精华的同时，以独出心裁的方式将它们混合在一起，从而创造出最好的菜。菜单上出现了更多采用时令食材烹制的菜肴，将经典的法国美食变得更加现代时尚。

如果你想了解主厨的烹饪哲学，不妨选择四道菜的晚餐，或着两种七道菜的试吃套餐中的任一一种，它们都值得一试。春季菜单的非凡创意，还融合了欧洲与亚洲的美食风味。

我的晚餐以一道无比美味的前菜开始：烤蛋黄、鱼子酱和香草——Jean-Georges 的经典之作。蛋黄的质感和风味与鱼子酱的咸味完美地混合在一起。这道菜咬上一口便让人无法自拔，一个美好的夜晚就这样开始了。

接下来是口味清淡但很精致的菜品：鲷鱼刺身和由橄榄油、海盐和腌辣椒制作的浓香的鲷鱼汤。这道菜清新纯净，再搭配上适量的盐、胡椒和辣椒，真真是春季的理想选择。它再一次展示了主厨的理念——烹饪之首是发挥出优质食材的本质精华与细微风味。鲷鱼汤是对鲷鱼刺身的一种温暖而美好的补充。

Jean-Georges 的其他经典之作是香烤乳鸽，烩洋葱酱配玉米饼和鹅肝。乳鸽非常地美味，且肉嫩多汁，在口感上与鹅肝和玉米饼形成了鲜明的对比。

令人欣慰的是这里的甜点不是特别的甜腻。由于夏季炎热，甜点菜单中添加了一些热带风味

水果。然而，巧克力甜点拼盘仍然是我不变的最爱。在晚餐的最后来一杯意式浓缩咖啡，每一口甜点都让我沉醉其中。

JEAN-GEORGES

地址 / 中山东一路 3 号，外滩 3 号 4 层
电话 / 6321-7733
营业时间 / 上午 11:30 至下午 2:30（周一至周五），上午 11:30 至下午 3:00，晚上 6:00 至晚上 10:30（周末）
人均消费 / 1000 元

站在先驱肩膀上的 Tepito

TEPITO

地址 / 富民路 291 号
电话 / 6170-1310
营业时间 / 上午 11:00
至清晨 1:00
人均消费 / 155 元

许多人都认同龙舌兰小馆 (Cantina Agave) 是上海得克萨斯－墨西哥风味美食的开拓者，在它之前这座城市里几乎没有提供这种"美国南部边境"美食的餐饮场所。

我尝试了几道 Tepito 餐厅的最新菜品，都是无与伦比的美味。第一道菜是黑豆沙拉配墨西哥辣番茄沙沙、烤玉米、墨西哥芝士和鳄梨酱，顶部还有酥脆的炸墨西哥玉米饼。尽管这份沙拉是以黑豆为主，但是口感十分清爽，可以极好地调动起客人对后续菜品的食欲。接下来的一道菜是酸橘汁腌鱼烩饭，它是将海鲜，鳄梨和洋葱浸在柑橘汁和辣椒中做成。随后的是鲕鱼生鱼片——一种清淡海鲜与甜蜜水果的结合。

在这些相对清淡的菜品之后，我终于吃到了各种由于墨西哥美食才爱上的肉类菜肴。其中包括尤卡坦猪肉丝饼，它是用黑豆泥将尤卡坦切丝猪肉封在两块墨西哥玉米饼中间，上面还撒了黄灯笼辣椒。此后的菜品又回到了新鲜的口味，即被十分恰当地命名为"俄罗斯轮盘赌"的一大盘俄式沙拉——这道菜的理念就是让人猜不到自己将要吃的辣椒是可以忍受的比较温和的辣还是难以忍受的极度的辣，直到你吃进嘴里。这道菜还配有酸橙和盐用来给辣椒调味，以及一杯龙舌兰酒，用以缓解极辣的辣椒引起的舌头火辣辣的感觉。

最后一道主菜是尤卡坦罗望子秘制猪排，这道菜是将猪排放在用胭脂香料、橙皮和辣椒制成的腌料中浸泡了 16 个小时后，再涂上罗望子酱进行烧烤制成的。

当然，如果没有甜点，一餐就不会完美。我们点了主厨定制三奶蛋糕，这是一款涂满奶油的白色甜点，尽管它看上去厚厚的，蛋糕湿湿的，不过尝起来还蛮酥软的。

总的来说，这些菜肴将各种风味汇聚为一次极好的用餐体验，充满了浓郁的清新口味的碰撞，让墨西哥美食爱好者流连忘返。曾经的龙舌兰小馆为墨西哥美食奠定了高标准，而现在 Tepito 则是站在了成功的先驱者的肩膀之上青出于蓝。食客们完全可以期待在这里经历并享受一次有着致命美食诱惑和优质服务的正宗墨西哥美食体验。

Crazy Ones 供应让人垂涎欲滴的美味西班牙海鲜饭

几乎没有什么西班牙菜肴能比西班牙海鲜饭更受欢迎了。在上海，尝试这种火热的伊比利亚主食的最佳去处之一就是位于徐家汇的 Crazy Ones 餐厅。虽然 Crazy Ones 餐厅的名字中有着疯狂的寓意，但餐厅内部实际上是宁静的大教堂风格装饰，还有着大片暖色调的私人用餐区域。户外的座位十分有限，接待多人的私人用餐区域也不多。

西班牙海鲜饭无疑是这家餐厅最有吸引力的菜肴之一，菜单上还有各种食物和饮料。在开胃菜品中，我选择了大蒜虾（45元）。巨大甲壳下虾肉浸在甜酱油基底里，但并不会遮盖它们的原始风味。随意添加的蒜瓣有助于去除任何残留的海腥味。西班牙洋芋蛋饼（32元）出乎意料地好吃。土豆碎块与柔软嫩滑鸡蛋的搭配可谓完美。

至于西班牙海鲜饭，这家餐厅有 7 种不同的口味可以选择，其中包括罗勒牛排西班牙海鲜饭、番红花海鲜饭、墨鱼中卷海鲜饭、经典西班牙芝士海鲜饭以及松露蘑菇鸡肉海鲜饭，其中番红花海鲜饭最受欢迎。它的米饭用番茄酱调过味，风味十足，口感细腻。如果你是一个海鲜爱好者，那么这道菜中紧实的虾仁、柔嫩的鱿鱼和松软的贴贝肉会让你为之惊艳。

这道菜和 Crazy Ones 餐厅其他的海鲜饭一样，有两种分量选择。小份的价格为 68 至 98 元不等，而大份则是在 132 至 188 元之间。咖喱海鲜意面（62 元）是工作日午餐的不错选择。浓浓的咖喱酱将面条厚厚地包裹起来，还可以作为一旁的蒜蓉面包的美味蘸酱。这道菜里还有很多的虾，虽然比开胃菜中的虾要小一些。

这家餐厅还设有一个吧台，就在主入口的右侧。除了常见的鸡尾酒和啤酒外，这里还供应软饮和风味奶昔。如果你喜欢尝试各种新鲜事物，不妨试试这里的花生奶昔（38 元）。至于甜点，这家餐厅供应八宝饭和冷芝士甜点杯，两者都十分清爽美味，价格均为 38 元。Crazy Ones 目前推出了一系列在线促销活动，包括现金券和特价套餐。

CRAZY ONES

地址 / 肇嘉浜路 1111 号美罗城一层
电话 / 6426-0192
营业时间 / 上午 11:00 至晚上 9:00
人均消费 / 100 元

变革，但仍有很多慕名而来的食客

一走进富城路上的星期五餐厅 (TGI Friday's)，你立即就会被一片充满了美国风情的气氛所包围，仿佛瞬间被传送到大洋彼岸那片到处都是汉堡、炸薯条和冰啤酒的土地。对于来自美国南部的我来说，这家餐厅的食物和休闲氛围是再熟悉不过了，这里非常适合与朋友共饮，甚至是约会。最近，星期五餐厅对这里最受欢迎的牛排做出了一些新的尝试，并推出了一份全新的牛排菜单，提供不同分量的牛排。

牛排烤得非常完美，柔嫩多汁，仿佛入口即化。还配有炸薯条、西兰花以及招牌的杰克丹尼尔斯酱汁。这份如家一般美味的牛排很好地排解了我泛起的思乡之情，让我十分满意。

新的牛排菜单上有 3 种不同种类的牛排，包括最受欢迎的肋眼牛排和纽约克牛排，都有各种各样的配菜可以选择。亿骏餐饮管理 (上海) 有限公司收购了星期五餐厅在中国的 6 家分店，其首席执行官郭宝贤 (Kek Poh Hean) 表示，继先前在菜单上增加诸如米饭、炸红薯条等新配菜之后，餐厅以牛排为主打也将进一步推动整个品牌的发展。另外，确保食品安全和提供更多分量选择这两项措施也会有助于吸引更多新客户。Kek 打算在中国再开设 20 家星期五餐厅的分店，而这样大规模的品牌扩张必将大大增加其消费群体。

星期五餐厅致力于供应美食，而其在上海的分店就正在为新增的美味佳肴提供着特别优惠。每天中午，星期五餐厅都会提供价格为 108 元的牛排午餐套餐，包括一份 6 盎司 (约 170 克) 的嫩牛排，任选一份配菜、一碗汤或一份沙拉。星期二晚上 6 点钟之后，每一份牛排晚餐都免费赠送一杯葡萄酒。如果你是渴望吃到家乡美味的美国人，或者只是在寻找美味的牛排晚餐，那么浦东这两家星期五餐厅都值得一去。

星期五餐厅

地址 / 陆家嘴店: 浦东区富城路 16 号，
长泰广场店: 祖冲之路 1239 弄，
长泰广场 10 号楼
1 层 1W37
电话 / 5830-8060 (陆家嘴店);
5080-1652 (长泰广场店)
营业时间 / 上午 11:00 至凌晨 12:00 (周日至周四)，
上午 11:00 至清晨 1:00 (周五至周六)
人均消费 / 150 元

经典肉丸之外的
斯堪的纳维亚美食

当被问及斯堪的纳维亚美食，尤其是瑞典美食的时候，人们第一时间想到的可能就是肉丸。但其实除了肉丸还有更多，上海一家新近开业的餐厅则是让人们了解了更多宜家菜单以外的瑞典美食。Stockholm on the Bund 餐厅兼酒吧是外滩上新增的另外一家高档餐厅。

这家餐厅是由瑞典名主厨托拜厄斯·奥尔森 (Tobias Olsson) 创办的，他曾在 2010 年上海世博会期间担任瑞典馆的主厨，并且他也经常参与瑞典的皇室活动。2015 年 6 月，他更是担任了瑞典王子卡尔·菲利普与其妻子索非亚的婚宴主厨。翻阅一下菜单，虽然菜单上只有文字，但脑海中容易看到这些菜肴的画面。菜单上的斯德哥尔摩美食包括经典的肉丸、虾酱吐司和芝士烤鱼，但之后的菜单上则是以瑞典方式烹制的更常见的菜肴。

三至四人一起来这里用餐的话，不妨选择海鲜拼盘 (688 元) 作为前菜，这道菜包括 6 个牡蛎，半个龙虾和 2 个帝王蟹腿，而且都是放在冰上随时可以享用。冰镇的龙虾和蟹腿都非常的鲜美，但要记住如果你想要品尝到最新鲜最真实的海味，那么一定不要蘸任何酱汁哦。另一道前菜扇贝配洋葱泥、番茄 (138 元) 的味道也很好。而白芦笋配荷兰酱与蟹肉 (118 元) 尝起来更有一番风味。这道菜极好地保留了鲜嫩的芦笋的汁液，奥尔森主厨的厨艺可谓精湛。

至于主菜，如果你爱吃鱼的话，奶油焗鳕鱼配豆芽、龙虾酱(258 元) 是晚餐最好的选择。大块的鱼肉被处理得恰到好处，调味的配料也没有喧宾夺主。我选择不蘸酱料只吃鳕鱼，因为即使是龙虾酱也会为这道菜增加额外的海的味道。和牛西冷牛排配炸洋葱圈、红酒酱和土豆泥 (398 元) 是一道优质的牛肉菜肴，我特别喜欢上面的烤洋葱圈，尝起来有点像德国酸白菜。至于甜点，菜单上包括一些一直为人们所喜爱的

经典选择，但是巧克力蛋糕配草莓、牛奶焦糖、香草冰淇淋 (68 元) 能满足你对甜点的所有期待：香甜、巧克力味、冰冰凉。甜点端上来的时候不是一整块布劳尼巧克力蛋糕，奥尔森主厨是先将它们在冰箱里冷冻，然后再切成细条状，吃起来如同巧克力松露一般。

鸡尾酒是晚餐的另一亮点。当我们点的酒水被呈上来时，他们在昏暗的灯光下看起来非常朴素，也没有任何装饰，但是当我们打开手机上的手电筒之后，这些鸡尾酒的秘密才显露出来——它们像是来自另一个星系的魔法药水，闪闪发光。"斯德哥尔摩综合征"是一种微甜的紫色荔枝口味鸡尾酒。

由于这家餐厅才开业，所以还有需要改进的地方。虽然这里的食物和酒水都很棒，环境也很有趣，让人十分放松，但是这里的灯光条件却是一个小缺憾——因为光线太暗看不清楚，所以需要一个人拿着手电筒照明，其他人才能为这些美味的菜肴拍几张照片。周末的时候，Stockholm on the Bund 还会邀请 DJ 来这里打碟，非常适合闲坐在吧台或休息区，端上一杯美味的鸡尾酒，享受一个美好的夜晚。

STOCKHOLM ON THE BUND

地址 / 广东路 51 号
电话 / 6333-9851
营业时间 / 晚上 6:00 至晚上 12:00
人均消费 / 450 元

混合西班牙和
南美风味的 Raw

延平路上新近开业的 Raw Eatery & Wood Grill 餐厅推出的菜单给人们带来了一些惊喜。这家轻松舒适的餐厅具备一家优秀的悠闲的邻里餐厅应有的特质：高品质的食物、令人愉悦的鸡尾酒、周到的服务以及舒适的氛围。由主厨胡安·坎波斯 (Juan Campos) 打造的十分简约的菜单融合了西班牙和南美风味美食。菜肴都非常正宗地道，突显出食材的天然味道。

我点的第一道菜是智利和牛肉鞑靼配烟熏蛋黄 (128 元) 配脆皮面包和足量的炸薯条。这道菜是装在定制锡罐中呈上来的，鸡蛋还散发着一丝烟熏的味道，绝对是物有所值。

另一道热的前菜是 63 度蛋 (78 元)，它是由慢煮的溏心蛋搭配牛肝菌、鸡油菌和香菇制作而成的，上面还撒有伊比利亚火腿面包屑。这道菜的做法很有意思，味道很丰富，对于鸡蛋爱好者来说不容错过。我觉得它也是早午餐的不错选择。

坎波斯主厨制作烧烤类的菜肴时使用的是 Josper 牌的木炭烤箱，他还非常大度地带我到厨房参观。这个烤箱可以让主厨做出最热的室内烧烤，并且其密封的烤箱也可以确保食材的味道不会流失。

我尝试了使用这个烤箱里烹制的两道主菜：自制照烧黄尾鰤配烤菠萝、青椒和西兰花 (278 元，适合两人食用)，烤芦笋配黑松露、杏仁煎蛋面包 (78 元)。鱼是装在一个大的方形托盘里呈上来的，我很喜欢里面的烤菠萝，它很好地平衡了日式照烧酱的冲味。烤芦笋口感相对柔嫩，溏心的煎蛋使得酱汁更加美味。

菜单上还有一些烤牛排的菜品选择，包括不太常见的风干带骨肉眼牛排和牛前腰脊肉。至于甜点，我选择了清淡的巧克力草莓八宝饭。

这家餐厅的鸡尾酒种类并不多。如果您喜欢果味饮品的话，一定要试试这里的桑格利亚汽酒（60元）。与大多数用红葡萄酒制成的桑格利亚不同，这款自制的版本是用白葡萄酒搭配苹果、橘子和柠檬制成的——非常适合夏天的桑格利亚。阿贝罗酸酒调制得也很好，里面加了一个大冰块在杯子里慢慢融化。

在餐前上的备受赞誉的手工面包还配有一块自制的海藻大蒜风味黄油，涂上去，咸咸的，真是绝佳的开胃面包。

RAW EATERY & WOOD GRILL

地址 / 延平路 98 号二层
电话 / 5175-9818
营业时间 / 下午 5:30 至晚上 12:00
人均消费 / 200 元

L'Atelier de Joël Robuchon
在外滩 18 号开业

L'ATELIER DE JOËL ROBUCHON

地址 / 中山东一路 18 号，
外滩 18 号 3 层
电话 / 6071-8888
营业时间 / 上午 11:30 至下午
2:00（周末午餐），下午 5:30 至晚
上 10:30（周日至周三），下午 5:30
至晚上 11:00（周四至周六）
人均消费 / 1200 元

随着位于外滩 18 号的 L'Atelier de Joël Robuchon 餐厅在上海正式开业，卓尔·卢布松 (Joël Robuchon)，这位在 2016 年共赢得了 26 颗米其林星的烹饪界明星终于来到了上海。这家让人们望穿秋水、万分期待的餐厅并没有令人失望，它满足了人们各种复杂的口味。上海的这家分店依旧采用了其招牌的红与黑为主色调的内部设计，仍是那般古典而奢华。

L'Ateliers de Joël Robuchon 已经在诸如拉斯维加斯和新加坡之类的众多城市之中开

设了分店。而由于本地市场越来越追求多元化、高品质、创新性和令人印象深刻的餐饮体验，作为卢布松在中国大陆创办的第一家餐厅，L'Ateliers de Joël Robucho 入驻上海没有比当下更好的时间了。L'Atelier 的理念起源于 Robuchon 在日本的经历。这个理念就是将小碟菜品和正餐食物融合在酒吧之中。

用餐区域中的亮点在于其标志性开放式厨房，中间的铁板烧操作台环绕着 32 个座位，餐桌的周围也有 16 个座位，客人可以坐在座

位上欣赏厨师长富兰克·桑波拉 (Francky Semblat) 及其厨师团队过程的制作美食。

星级主厨卢布松想要创造一个让客人感到舒适的温馨而开放的空间。这位法国高级美食明星强烈推荐七道菜的"探索"菜单 (1388 元／每人)，它包含了这家餐厅最好的美食。菜单中最精美的菜已经为你点好，接下来你只需要放松心情，坐下来安心等待就行了。

第一道菜是白色芦笋奶冻配杏仁碎、蕃茄酱，非常的清新爽口，让这次用餐有了一个好的开始。第二道菜，经典蟹肉鱼子酱塔配龙虾冻、椰菜泥，让我不禁发出"哇"的赞叹。这道菜是烹饪艺术的完美典范，外观和风味的完美平衡。卢布松主厨一直以其令人惊叹的鱼子酱料理而闻名于世，而这道菜则让我明白了其中的原因，帝王蟹、贝肉冻和椰菜奶油酱被均匀地混合一起，中间足有满满一勺的鱼子酱，它不仅外观精致，而且美味可口，各种食材风味的平衡也堪称完美。

和牛煮双份鸭肝配晚收波特酒汁、鲜嫩芝麻叶是另一次感官盛宴。牛肉的鲜嫩与鸭肝的肥美可谓是相得益彰，整道菜的口感极佳，牛肉和鸭肝的搭配在抵消了油腻口感的同时很好地保持了各种天然的风味。咸黄油香烤龙虾配炖煮青菜和五香龙虾汤同样完美。

价格实惠的多汁牛排
和其他美食

位于繁华的新天地背后的 SOHO 复兴广场中的澳拜客分店悄悄开业了，但其实这家餐厅一直吸引着人们的注意力，因为这个连锁品牌就是凭借其优质的牛肉菜肴和包括小吃、海鲜在内的贴心菜而闻名的。

源自美国的澳拜客已经成了现代牛排餐厅的代名词，它以合理实惠的价格供应着优质美味的牛排，同时还为顾客提供舒适而有趣的用餐环境。1988 年，克里斯·沙利文、巴布·巴沙姆、蒂姆·甘农和特鲁迪·库珀在佛罗里达州坦帕市创办了第一家澳拜客餐厅。

这家餐厅的内饰——澳洲的主题风格——实际上是比较常见的。它可能不是上海最时尚的餐厅，但对于一心享用丰盛美食的客人来说，这样的氛围刚刚好。这里的开胃菜和其他菜肴都很完美，所以哪怕你不是牛排的超级粉丝也可以享用美味的一餐。

如果你想简单一点儿的话，不妨选择香脆鲜虾芝士薄饼 (58 元 /4 块)、香炸鱿鱼圈 (48 元) 或一大份彩虹沙拉，再配上一杯本店特选葡萄酒来开启你的美食之旅。我选择的就是香脆鲜虾芝士薄饼——这道菜十分酥脆，上面的馅料也很精致，是一道很不错的开胃菜。意式海鲜烩 (148 元) 对于海鲜爱好者来说是一道真正的慰心菜肴，它是用虾、贻贝、扇贝、鱼、鱿鱼、玉米棒和土豆做成的。这道菜口味丰富，搭配烤面包片一起吃味道最佳。菜单上不少海鲜和鸡肉类菜肴都是很好的选择，但是很显然，牛

排才是最有吸引力的。菜单上详细介绍了牛排不同部位的分割。我尝试了无比柔嫩的、如丝带般的帝王极品牛排，配经典酱汁、奶油菠菜沙司和一份由你选择的配菜。牛排烤制得非常完美。澳拜客还提供海陆超值组合，比如菲力／西冷牛排和盘煎手工制蟹肉饼 (228 元 /178 元) 或者菲力／西冷牛排和烤波士顿龙虾 (半只) (268 元 /218 元)。

澳拜客

地址 / 马当路 388 号
电话 / 6113-0667
营业时间 / 上午 11:30 至晚上 10:00 (周日至周四)，上午 11:30 至晚上 10:30 (周五)
人均消费 / 100 元

烹制鸭舌的米其林

新开业的巴黎蓝酒吧俱乐部兼法国现代美食餐厅 (Paris Bleu Bistro Club & French Modern Cuisine) 坐落在新天地一处风景如画的角落之中，这家餐厅在法国传统烹饪技艺的基础上做出了一系列别出心裁的尝试。米其林二星级主厨让·克里斯托弗 (Jean-Christophe) 和安萨耐·阿莱克斯 (Ansanay-Alex) 要在这里实现他自己的烹饪梦想——用本土的食材，源于中国的灵感打造出美食的盛宴。巴黎蓝餐厅的一层是酒吧区域，供应西班牙风味的小吃，环境十分舒适，非常适合朋友之间聚会共饮。你也可以沿着紫色灯光装饰的白色螺旋楼梯来到餐厅的二层，所有的烹饪魔法都将在这里发生。

餐厅内饰很容易让人联想到禅宗花园，在隔断的顶部摆放着很多光滑的黑色石头和小盆栽。

PARIS BLEU

地址 / 新天地 123 弄 5 号
105 号商铺
电话 / 6322-0121
营业时间 / 上午 11:00 至晚上 11:00
人均消费 / 398 元（餐厅），
100 元（酒吧）

正如其名字一般，整个餐厅的灯光与主色调都是蓝色的，营造出一种令人放松的氛围。此外，两面墙几乎全是窗户，让上下两层的客人都可以获得更加开阔的视野，使得用餐的氛围更加愉快。这家餐厅还有一大片户外用餐区域，夏日的晚上来到这里，再点上一杯鸡尾酒，简直完美。

当然，用餐体验的焦点在于精致的法式美食。这家餐厅不提供单点菜单，而是六道菜的套餐菜单，为了采用最新鲜的时令食材，实现主厨安萨耐·阿莱克斯随时迸发的奇思妙想，套餐菜单每个月都会更新一次。"你去电影院不是为了让他们给你放某部电影，而是去看看正在上映的是什么电影……我的餐厅就是这样——用自己的美食艺术为客人服务。"他解释说。

Ansanay-Alex 将本地食材与自己丰富的法国美食烹饪经验结合在一起，创造出了各种让人眼花缭乱的"味道不会太重，但很朴实"的精美菜肴。我很喜欢在这家餐厅吃到的所有美食，从开胃菜姜片配马斯卡彭奶酪，到撒着鲜榨柑橘汁的龙虾配土豆丸子，再到十分精致的蔬菜牛肉浓汤，主厨将这道传统法国炖锅中的牛肉、胡萝卜和土豆做成了千层酥的样子，顶部还配上了鹅肝酱。

在我看来，这次晚餐之中最精彩的是第二道菜，法式浓汤配溏心蛋、海胆。而最后一道菜——淡柠檬奶油冻，上边是一层西番莲果冻，抹茶风味面包和焦糖香蕉——紧随其后。安萨耐·阿莱克斯还十分大胆地加入了如鸭舌之类本地食材。"我已经做了 40 多年的厨师——从现在开始我想做一些更有趣的尝试。"安萨尼亚历克斯说。

出生于法国里昂的安萨耐·阿莱克斯自 1980 年以来就一直是专业主厨，他还在家乡创办了自己的著名餐厅 Auberge de L'ile Barbe。他希望做出"简约而不简单"的食物。2014 年习近平主席访问里昂的时候，他决定将目光投向中国。

巴黎蓝是他在中国创办的第一家餐厅，与他在里昂创办的餐厅有着同一个理念，但巴黎蓝美食的灵感主要来自于中国本地人。安萨耐·阿莱克斯说他不想成为什么"引以为豪的法国厨师"，而是打算继续从其他地方寻找灵感，并不断尝试新的美食。他计划往返于里昂和上海之间，还将为两间餐厅打造各自的菜单。

璞丽酒店旗下的 PHÉNIX 餐厅正在崛起

PHÉNIX

地址 / 常德路 1 号
电话 / 3203-9999
营业时间 / 早餐: 早上 6:30 至
上午 10:30; 午餐: 中午 12:00 至
下午 2:30; 下午茶: 下午 2:30 至
5:30; 晚餐: 下午 6:00 至
晚上 10:00
酒吧: 5:00 至清晨 1:00
人均消费 / 500 元

近日, 上海静安寺附近的璞丽酒店创办了一家令人印象深刻的新餐厅斐霓丝餐厅酒吧 (PHÉNIX Eatery & Bar), 这里供应着由行政厨师迈克尔·威尔逊 (Michael Wilson) 烹制的法国美食, 还有各种经典鸡尾酒和法国葡萄酒。

PHÉNIX 餐厅有着悠闲而又雅致的环境, 既适合正式晚餐, 也适合休闲聚餐。我尤其喜欢餐厅中间的沙发, 在那里客人不仅可以享用一杯餐前的鸡尾酒, 还可以与他人一起等待还没到的朋友, 避免了一个人坐在餐桌旁的尴尬。

只有一页的单点菜单十分的简单明了。从经典的鹅肝开胃菜到慢煮美利奴羊肩肉, 所有菜肴都很好地反映了威尔逊对优质食材的重视。

鹅肝 (100 元) 的配菜有糖渍苹果和西芹, 这种清淡的组合与现烤的布里亚克热面包吃起来很配。我还点了一道乡村风味更浓的菜肴——乡村猪肉派 (70 元), 这道菜并不肥腻, 让我很满意。在主菜之中, 我个人最喜欢的是炖牛肚和墨鱼配番茄、意芹沙司 (140 元)。这道南法风味菜肴盛在一个朴实无华的搪瓷盘

中, 送上来的时候还热腾腾的。牛肚和墨鱼煮得熟透了, 吃起来不费劲而且风味十足。

赫里福德牛仔骨配布尔吉尼翁酱、辣根菠菜和牡蛎泥 (310 元) 也是一道很不错的主菜, 适合 3 个人一起分享。烤土豆丸子配拉可雷特芝士和云南黑松露 (95 元) 虽然有点偏咸, 但味道也很丰富。

这次用餐最大的惊喜就是甜点了。菜单上只有 5 种甜点, 但并不是普通的蛋糕和冰淇淋。其中必须尝试的是草莓甜点 (95 元) , 它是用草莓、草莓沙冰、尚蒂利酸乳酪和罗勒蛋糕制成的, 上面还点缀着新鲜的薄荷叶。如果再搭配上一杯冰凉的 1749 年安茹玫红葡萄酒, 这道装在浅盘里、不会让你产生内疚感的甜点会让你感到如沐春风一般的清爽。威尔逊说为了保留住罗勒叶的绿色, 他们在烤制罗勒蛋糕的时候用的是微波炉而非烤箱。至于酒水, 虽然这次用餐我没有尝试任何鸡尾酒, 但是来自法国的餐厅经理 Edouard Boutin 精心挑选了不同的葡萄酒和烈酒来搭配各种菜肴。

总地来说, PHÉNIX 为我提供了一次极好的用餐体验, 这里的食物非常美味, 服务也很周到。出生于澳大利亚的威尔逊主厨是在 2012 年的时候进入璞丽酒店工作的, 在此之前他曾在墨尔本十分有名的两家餐厅——Cutler and Co 和 Grossi Florentino 工作过。

让你意犹未尽的
意大利美食

东平路不仅是前法租界中最早成为主要餐饮聚集地的街道之一，还凭借其众多时尚餐厅而保持了自己的地位。2013年开业的 D.O.C. Gastronomia Italiana 就是东平路上众多很受欢迎的餐厅之一。D.O.C. 餐厅是最早将华丽的工业元素运用到内部装饰的餐厅之一，而现在这种装饰风格在上海已经随处可见。在设计过程中，主厨斯戴芬诺·巴塞 (Stefano Pace) 还融入了自己的个人情感，将这里打造成如家一般温暖舒适的餐厅。从餐桌上的装有西红柿的锡制罐头到墙壁上对西斯廷教堂中的米开朗琪罗壁画的一部分复制，正是这些细节成就了今天的 D.O.C. 餐厅。

"D.O.C. 不同于其他的意大利餐厅，我们融合了意大利烹饪技艺和文化的所有方面以提供最正宗的意大利美食，同时又不会过于意大利。"巴塞说。他所说的"过于意大利"指的是很多人一提到意大利就会产生的固有观念，比如意大利餐厅都是以国旗红、绿、白三色为主题的内部装饰，工作人员都会大声说着"Ciao"（意大利语的"你好"）来欢迎客人。

D.O.C. 是一家餐厅兼比萨饼店，以合理的价格供应着经典的意大利美食。巴塞说新鲜、应季、传统以及尽可能的正宗是 D.O.C. 餐厅的烹饪风格。另一方面，D.O.C. 是意大利语 Denominazione di Origine Controllata 的缩写，表示意大利葡萄酒的最高等级，那是一种控制葡萄酒品质的生产方式。

巴塞出生于意大利的首都罗马，祖籍在美丽的西西里，而他在上海已经生活了13年的时间。在来到 D.O.C. 餐厅之前，他曾在 JIA Group 旗下的 Issimo 餐厅担任总厨。他还曾在上海、北京和香港的五星级酒店工作过。巴塞会尽可能地从意大利采购更多的食材，而不仅仅是新鲜的农产品，这一点他很自豪。"我有一个非常棒的厨师团队，他们已经和我一起工作了12年。"巴塞说。D.O.C. 餐厅的意大利面、面包、所有糕点、布丁、吧台的混合花生、巧克力等等，还有其他许多食物都是每天新鲜制作的。特色菜品每天会更新两次。

在最近的一次到访中，我点了布拉塔芝士(140元)，正是这道菜看让我一次次回到这家餐厅。布拉塔是最好的新鲜芝士，它外表看起来很

D.O.C

地址 / 东平路 5A 号
电话 / 6473-9394
营业时间 / 上午 11:00 至
晚上 11:00
人均消费 / 250 元

像新鲜的马苏里拉芝士球。其中的樱桃番茄、芝麻菜、新鲜的罗勒和橄榄油为牛奶风味增色不少。

自制有机鸡蛋宽面条（125 元）配腌制的澳大利亚小牛炖菜。不同于传统的博洛尼亚炖菜，这道菜的浓郁酱汁是炖了几个小时制成的，里面还有小牛肉块。澳大利亚里脊小牛排配洋蓟、帕达诺芝士、芝麻菜、柠檬和橄榄油（135 元）对于肉类爱好者而言是一个不错的选择。

正如你所期待的，这里的酒水单上主要是意大利葡萄酒，包括各种产自威尼托地区的葡萄酒，如玛西酒庄 2010 年阿马罗内经典海岸区果园红葡萄酒。

与 Mesa Manifesto 一脉相承的
Husk 餐厅

HUSK

地址 / 奉贤路 218 号
电话 / 6243-0832
营业时间 / 上午 11:00 至
下午 2:00（周一至周五），
上午 11:00 至下午 3:00（周末）
下午 5:00
至晚上 10:30（每日）
人均消费 / 250 元

如今上海的餐饮风貌不断地变化着，但过去并非一直如此。就在几年前，上海的餐厅远比现在要少得多。全上海只有少数几家早期的餐厅能让食客们感到很怀念。Mesa Manifesto 就是那些标志性餐厅中的一家，它的关闭让许多顾客都很沮丧。但是，其业主查尔斯·卡贝尔 (Charles Cabell) 和迈克尔·赵 (Michael Zhao) 很快又找到了一个新的店址来继续创造他们的烹饪奇迹。这两人创办的 Husk 餐厅携着他们原先的团队在南京西路后面的奉贤路上开业了。虽然 Husk 餐厅只是做了一些改进，但总的来说还是对 Mesa Manifesto 的一种秉承。

餐厅的内部采用简约而硬气的装饰风格。传统的装饰材料给人感觉永不过时，而深色木材、黑色石头以及古铜色皮革的运用更是增加了一种时尚的氛围。"Husk 餐厅很像一家我为其工作了近 15 年的澳大利亚－地中海风格餐厅，"赵先生说，"因为我是这家餐馆的合伙人之一，所以我可以添加一些我认为中国客人会更喜欢的菜。"

现在这家餐厅供应一些适合多人一起享用的菜肴，一下子成了食客的必点菜。来自杭州的赵先生增加了一系列中式炒菜，这些菜都是中国客人喜欢点的，特别是他们在向自己的西方朋友介绍中国菜时会提到的。

这里最受欢迎的菜品包括国王虾 (杭州风味) 配葱、姜、蛋清、醋调制的酱料 (188 元)，无

骨牛蛙腿和鲈鱼配烤大蒜、新鲜罗勒、辣椒和葱蘸酱 (158 元)。主厨强烈推荐牛蛙这道菜，牛蛙腿是堆在锅里和混合香料一起送上来的，吃起来柔嫩多汁。

生牛肉片烤大蒜和山羊奶酪焗烤自制意式薄饼 (98 元) 可谓是难掩锋芒，这道菜不仅外观很好看，而且是十分的柔嫩香浓，还有着轻微的奶酪口味，是一道无比美味的开胃菜。

烤海洋扇贝配烤花椰菜和柑橘水芹沙拉 (98 元) 也很受欢迎，因为这道菜打破了文化的界限。"每个人似乎都很喜欢扇贝丰富而细腻的味道以及柑橘的味道。"赵先生说。而为了平衡肉质肥美的扇贝，菊苣沙拉配鲜梨、帕尔马干酪、烤核桃和香槟汁 (72 元) 是一个很好的选择。

一个很受欢迎的主菜是填充了香草蘑菇的烤童子鸡 (168 元)，味道浓郁，柔嫩多汁。Husk 餐厅的"肉之诱惑" (768 元) 中有炭烤澳大利亚谷饲 150 天的安格斯牛排、烤羊肉串、烤伊比利亚黑猪肩肉、霹雳酱香烤童子鸡、烤玉米、烤土豆角和蘑菇。

目前 Husk 餐厅在每周四下午五点半以后有"马提尼之夜"促销活动，一杯仅需 48 元，还包括一份卡纳普面包。

鲜美的海鲜盛宴
陪你过冬

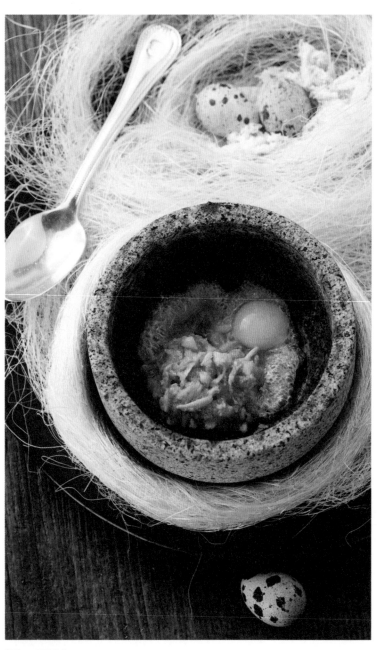

随着冬天的脚步渐渐临近，是时候开始为春天储存一些营养了。有着15年创意粤菜烹饪史的上海名豪餐厅于今年11月推出了营养丰富的秋季套餐，价格为286元（45美元）。这个套餐的前菜是漂亮的栗子豆腐配鲣鱼冻、蟹黄配现炸的锅巴、一小块深炸米粑和用西班牙火腿包着的竹笋。"目前人们还有机会可以吃到即将退市的食物。"有着25年烹饪经验的餐厅主厨卢永才说。

主菜之前的一杯杏汁汤会让你的身体暖和起来，而且可以很好地缓解秋燥。这道汤是用鸡肉、火腿、猪肉、鱼骨和扇贝熬制6小时做成的，一定会让你胃口大开，尽享接下来的美食。接下来，经葱姜末调味的三文鱼和秋刀鱼刺身会让你尝到新鲜的海鲜风味。再之后是一道丰盛的竹笙炖鲨鱼骨汤。这个套餐的主菜是蟹肉配蟹黄和鹌鹑蛋，客人们将其混合放入滚烫的石锅中，加入姜和醋后食用。

每一杯蟹黄和蟹肉都是取自于3只重约500克的母蟹。"我们之所以选用母蟹来制作这道菜，是因为它们有着细腻浓香的蟹肉，美味饱满的蟹黄以及十分丰富的蟹油。"Lu主厨说。

海鲜爱好者可不要错过套餐中的发菜鲍鱼香煎银鳕鱼以及用虾、章鱼、蛤蜊和扇贝熬制而成的海鲜粥。

最后该说到甜点了，卢主厨准备了松子南瓜、甜桂花芝士蛋糕以及冰淇淋以供食客选择。

NOBLE SEAFOOD

地址 / 陕西北路 66 号
电话 / 5116-8777
营业时间 / 上午 11:00 至下午 2:00, 下午 5:00 至晚上 10:30
人均消费 / 268 元

让鸡肉爱好者
梦想成真的 Wishbone

对于许多人来说，没有什么食物能比有着酥脆外皮和汁多肉嫩的烤鸡更美味了。而上海的烤鸡爱好者是十分幸运的，因为常德路上的 Wishbone 就备给大家供应着各种美味慢烤的鸡肉，还有很多可口的配菜和让人吮指回味的小吃。

Wishbone 是由塞缪尔·诺里斯 (Samuel Norris) 创办经营的。来自于伦敦的诺里斯曾在威斯敏斯特餐饮学院 (Westminster Catering College) 接受过培训，并在多家米其林星级餐厅中工作过，比如 Nobu London 餐厅和

Dinner by Heston Blummental 餐厅。他在 Mr & Mrs Bund 餐厅也工作过一段时间，还主持了 Dogtown 餐厅广受好评的菜单开发。

诺里斯和他的妻子在上海定居 3 年之后做出了一个宿命般的决定——购买一个带有旋转烤架的烤箱。之后不久他们就商量创办一家烤鸡店。"我们当时觉得这个想法肯定能同时满足这里的外国人和中国本地人。"诺里斯解释说，"我们希望除了常见的配菜以外还可以提供与当时上海的菜肴有所不同的美食。"

诺里斯的餐馆正式开业了，目前每天能够卖出大约 25 只烤鸡。他们会将肉鸡放在传统卤水中浸泡一整晚，然后将调味料黄油填入其中，并用香草、柠檬皮和香料调味，之后再腌制 24 小时，最后慢烤 80 分钟，香喷喷的烤鸡就完成了。你可以选择四分之一、半只或整只烤鸡，价格分别为 78 元、150 元和 280 元，还可以选择两种配菜。这里提供两种有趣的自制酱汁：烤西葫芦芥末酱，以及墨西哥辣椒蛋黄酱。

配菜也一样很美味，其中包括鸡油炸土豆片(单独购买需 30 元) ——用烤鸡制作过程中滴下的油脂炸出来的土豆片。如果你想要更健康的选择，不妨试试秋葵、樱桃番茄配欧芹和柠檬香醋 (30 元) ，或者混合番茄配酸奶和烤新疆馕片 (30 元) 。

菜单上还有各种各样的酒吧小吃，如手撕猪肉饼配切达芝士 (38 元) 、乡村猪肉派配香菇 (38 元)以及很受欢迎的 Wishbone 特色烤鸡翅(38

元) 。"我们的中国客人都很喜欢烤鸡翅。我们希望能让人们能在一道菜中尝到尽可能多的口味，"诺里斯说，"我们的烤鸡翅融入了适合中国人口味的糖醋调料以及大豆酱油。它们是 Wishbone 菜单上最受欢迎的特色菜品。"

这家餐馆不仅提供美味的食物，还供应相当多种类的精酿啤酒和创意鸡尾酒。"最近我们更换了啤酒的种类，新增了产自堪萨斯城的 Boulevard 啤酒 (50 元) ，客人们都很喜欢，而且它与烤鸡翅简直是绝配。"诺里斯说。

Wishbone 的选址也很明智，离昌平路地铁站很近，下班的人们无疑为这里带来很大的客流量。"我们预见到静安区不断发展的势头，随着几乎每个月都会出现新的餐厅，未来这片区域的地理位置优势将会更加突出。"诺里斯说。

Wishbone 现在在上海共有两家分店。第二家分店的占地面积仅有 15 平方米，内部只有 3 张餐桌，主要是提供外卖服务。目前，这家分店通过食派士 (Sherpa's) 进行送货。

WISHBONE

地址 / 常德路 888 号
电话 / 6257-8511
营业时间 / 上午 11:00 至下午 3:30，下午 5:30 至晚上 10:30（周一至周五），上午 12:00 至晚上 10:30（周末）
人均消费 / 100 元

高档意大利菜餐厅
Atto Primo

Atto Primo 餐厅正在为外滩的餐饮风貌上演一出意大利戏剧。这家餐厅坐落于外滩五号,它的名字指的就是"第一幕",而其十分宽敞的内部空间里还设有三个十分独特的用餐区域,这样设置的灵感来自于意大利的剧场。

sonetto 区设在可以俯瞰外滩的阳台。drama区更加私密,处在角落之中,天花板上还悬挂着传统意大利面具作为装饰;而 satira 区的食客则可以沉浸在开放式厨房中充满艺术感的烹饪表演之中。

"Atto Primo 餐厅致力于成为外滩上一家纯萃而正宗的意大利菜餐厅,我们希望客人在餐桌旁享用意大利盛宴的同时还能享受意大利的生活方式,暂时忘却快节奏的城市生活。"Atto

Primo 餐厅的主厨兼主人朱安卢卡·瑟拉芬 (Gianluca Serafin) 这样说道。

Serafin 的职业生涯开始于 1996 年，当时他在瑞士圣莫里茨的巴德吕特宫酒店 (Badrutt's Palace Hotel) 担任厨师长。2009 年的时候他来到了上海，加入了丽思卡尔顿酒店旗下备受赞誉的意大利菜餐厅 Palladio。

Atto Primo 餐厅是他在上海繁华的餐饮行业中的最新冒险。"在外滩五号这个特殊的地点之中，竞争是异常激烈的，但是我也相信，哪里有风险，哪里就会有潜在的机会。"瑟拉芬说。

餐厅提供来自意大利全国各地的各种正宗美食，包括南部传统的以海鲜和橄榄油为主的菜肴，以及北部更丰富的以肉类和奶油为主的美食。

"在做非常简单而正宗的意大利食物的时候，我经常会想起自己的家乡。简单的食物、美味的口味还有各种简单食材的搭配，这些一直都是做好一道菜的基础。"主厨说。

有一道开胃菜必须一提，它就是混合豆沙拉配红洋葱丝和生金枪鱼 (88 元)。这道清爽而富含蛋白质的开胃菜源自于夏季经常出现在意大利人家餐桌上的简单的大众沙拉。

另一道值得推荐的前菜是托斯卡纳鸡肝冻 (88 元)，也被称为托斯卡纳烤脆面包 (Tuscan crostini)。这种托斯卡纳主食在当地的小餐馆以及居民家中随处可见。"这道菜的外观可能不是特别好看，但是和大多数传统的托斯卡纳菜肴一样，味道才是最重要的。只要吃上一口，你会发现这道菜乡村风格的朴实的外表已经完全无关紧要了。"瑟拉芬说。

面食部分的一个亮点是皮埃蒙特风味的意大利圆形牛肉饺配小牛肉汁和黑松露酱(168 元)。和意大利方形饺 (Ravioli) 一样，意大利圆形饺 (Agnolotti) 也是皮埃蒙特地区一种常见的意大利饺子。在 Atto Primo 餐厅，他们是将牛肉、小牛肉和猪肉炖至至少 6 小时之后与鸡蛋、帕玛桑干酪和菠菜混合在一起做成了饺子的馅料。"每一个意大利饺子的柔嫩口感都是无与伦比的，对我而言这是一次个人的胜利。"瑟拉芬解释道。

ATTO PRIMO

地址 / 广东路 20 号，外滩五号 2 楼
电话 / 6328-0271
营业时间 / 上午 11:30 至下午 2:30，下午 6:00 至晚上 10:30，吧台营业至午夜
人均消费 / 350 元

在自然环境中提供新鲜食物的
光与盐餐厅

光与盐餐厅

地址 / 陕西北路 407 号
电话 / 5266-0930
营业时间 / 中午 12:00 至
晚上 10:30（周一至周五），
上午 11:30 至晚上 10:30（周末）
人均消费 / 250 元

陕西北路上不断涌现出各种全新的精品店、餐厅和咖啡馆，其中许多都藏在这片区域迷人的老建筑中。新近开业的光与盐餐厅 (Light & Salt Daily) 有着轻快设计风格和创意菜单，是这条街道上最令人满意的餐厅之一。

位于某栋修葺一新的别墅一楼的光与盐餐厅宛如上海市中心的一块绿洲。餐厅的外面是鲜艳的花草和绿色植物，打造了一个时尚的户外用餐区域。而内部的墙壁上则有着可以滑动的落地窗户，自然采光条件非常好。

餐厅的菜单是由厨师长拉斐尔·晴 (Rafael Qing) 和塞缪尔·阿尔贝特 (Samuel Albert) 开发出来的，他们在有机食材制成的经典西式菜肴中融入了亚洲元素。鹅肝焦糖布丁 (107 元) 是一道不错的开胃菜。这道鹅肝版本的经典法国甜点会让你的味蕾经历一次有趣的体验。热甜菜根配五香山羊奶酪和桃子酱 (57 元) 味道十分清新爽朗。精心挑选的食材之间口味形成了鲜明对比，香甜美味可口。

芝士意面配帕玛森干酪、和牛牛柳、野生蘑菇和新鲜的黑松露 (256 元) 是菜单的亮点。如果你点了这道美食大餐，主厨会来到你的餐桌旁亲自为你演示如何将自制的意大利面与陈年的整块帕玛森干酪混合在一起。意面中的野生蘑菇和黑松露也着实为这道菜提味。和牛牛柳取自草饲的澳洲和牛，完全能满足食客对这道菜的期待。

其他的招牌菜还包括采用取自光与盐餐厅香草园的食材制作而成的每日田园沙拉、鹅肝和干邑白兰地酿香草黄油烤鸭，以及其他适合多人分享的中法融合菜肴。

这家餐厅的内部阳光充足，是享用午餐和早午餐的理想场所。离开之前，别忘了上楼看看设计大师陈幼坚的"Garden 27"概念店。它是一个源于"花" (Fleur Couture) 的理念、占地 100 平方米的生活概念店和茶室，里面有着很多独一无二的以植物为主题的精选日用品和礼品。

Colca 为上海带来时尚的秘鲁美食

COLCA

地址 / 衡山路 199 号 2 楼 2201 室
电话 / 5401-5366
营业时间 / 5:30 至清晨 1:00
（周二至周日），上午 11:30 至
下午 4:00（周末早午餐）
人均消费 / 300 元

从利马到布宜诺斯艾利斯、洛杉矶、纽约和伦敦，秘鲁美食在过去这些年里打造着饮食界的时尚流行，资深的餐厅老板爱德华多·巴尔加斯（Eduardo Vargas）在上海创办的 Colca 也很好地证实了他的家乡美食所拥有的巨大潜力。来自于秘鲁首都利马的巴尔加斯深知如何在不断探索中打造出正宗优质的秘鲁菜单。

这家餐厅位于衡山路永平里二层，内部空间十分开阔。永平里是新兴的餐饮综合体，与武康庭是同一个开发者。这家餐厅有着十分轻松的气氛，整个空间分为在户外用餐的露台以及可容纳 160 名客人的室内用餐区域，还有一个专门供应美味的拉丁美洲风味鸡尾酒的酒吧区域。

"过去 7 年里，为了将秘鲁美食带到上海我一直努力着。2010 年上海世博会的时候，我曾在秘鲁馆中开设了一家名为 Peruvian Kitchen 的秘鲁菜餐厅。后来我一直希望能在上海创办一家经久不衰的时尚秘鲁餐厅。而现如今我们找到了这个地方，Colca 也就此诞生了。Colca 致力于当下在秘鲁国内很受欢迎的美食以及秘鲁最好的餐厅所提供的食物：新鲜、美味、以海鲜为主、正宗而又具有现代风味。"他说。

Colca 是一家很有趣的餐厅兼酒吧，它以秘鲁菜为主，同时还带有一些西班牙风味。巴尔加斯创办的这家餐厅以自己的风格反映着秘鲁美食呈现给全世界人们的印象：时尚、味道丰富，同时价格合理。"每个人只需要花费 250~300 元就可以吃到新鲜的海鲜、最好的乌拉圭烤肉以及其他秘鲁美食。我希望我的客人能够一次又一次地回来，而不是吃完一次之后觉得价格太高。"他说。这里的菜单提供多种选择，展示了秘鲁菜肴的各种主食，以及在悠久的多元文化影响下，秘鲁饮食的丰富口味和烹饪技巧。

其中必须一尝的要属秘鲁国菜了——前菜中经典的酸橘汁腌鱼。这道菜是所有秘鲁人的骄傲，没有其他食物能比它更好地代表秘鲁美食及其产生的影响。他们将一口大小的海鲈鱼片放在"老虎的奶水"（秘鲁人对用于调和海鲜风味的柑橘类腌料的一种称呼）中腌制并"煮熟"，然后与甘薯和玉米搭配在一起，简直是美味无比。酸橘汁腌厚切带子配扇贝奇亚籽（98 元）也值得一试，特别是对于那些不太喜欢酸味的人来说。他们将十分新鲜的扇贝放在生抽中腌制之后与奇亚籽、红辣椒、各种酥脆的坚果以及鳄梨混合在一起。

海鲜类菜肴中油炸海鲜烩（Jalea）（98 元）是必须尝试的一道菜，它是另一个秘鲁人的最爱——各种油炸海鲜搭配丝兰和秘鲁酱料。烤章鱼（88 元）搭配调味后的土豆泥以及异国风味的黑橄榄蒜泥蛋黄酱和皮奎洛阿根廷辣酱，十分的滑腻美味。它是我在 Colca 吃到的最喜欢的菜品之一。

虽然海鲜和鱼类菜肴是这家餐厅的重头戏，但是这里优质的乌拉圭和牛肋眼牛排（500 克，788 元）同样不容错过。他们将在牛排放在 Josper 烤箱中以 400 摄氏度的高温烤制，最后在餐桌烧热的石头上"完成"这道菜。上海的餐厅很少有高品质的乌拉圭牛肉，这也将成为我之后再来 Colca 的主要原因。

愉悦味蕾的
完美用餐场所

来纳帕红酒主题法餐餐厅(Napa Wine Bar & Kitchen)的高档环境中畅享美食愉悦你的味蕾吧，这里还可以欣赏到上海天际线令人惊艳的夜景。景色和地点无疑是客人们选择来到这家餐厅的重要原因，但这里最吸引人的还是各种优质的葡萄酒和精美的各种应季菜肴。厨师长弗兰西斯科·哈维尔·阿拉亚(Francisco Javier Araya)自2015年

9月起就一直管理着这家餐厅的厨房，他十分重视应季农产品和自己前卫的烹饪风格。

这位智利主厨的游历十分广泛，他曾在Mugaritz和elBulli这两家著名餐厅里工作过，也和传奇主厨弗兰·阿德里亚(Ferran Adria)共过事。在纳帕之前，他还和elBulli的两位同事一起合作，担任仅有8座的东京餐厅"81"的厨师长，将拉美美食与日本的美学和食材

结合在一起。"在纳帕我的理念是制作应季菜肴,所以我们每三个月都会更换菜单上70%到80%的菜品,"哈维尔·阿拉亚说,"目前的夏季菜单以海鲜和蔬菜为主,会让你的味蕾度过一次清爽平衡之旅。"

主厨喜欢采购当地可用的新鲜农产品。"我不喜欢用冷冻的食材,唯一从欧洲采购的食材就是地中海地区的西班牙红虾。"他说。正如纳帕的菜单所展现的,餐厅的理念就是采用应季食材。

哈维尔·阿拉亚擅长以适度的烹饪温度和时间进行烹饪,利用简单的食材做出令人惊艳的菜肴。夏季菜肴干净而微妙的味道与品尝菜单上的精选葡萄酒搭配在一起简直完美。

主厨的智利出身与亚洲的影响碰撞出了绚丽的火花。例如,这里的酸橘汁腌扇贝是以智利的酸橘汁腌鱼为原型的,但主厨用亚洲食材生姜取代了辣椒,使得这道菜平添了一丝亚洲风味。与原始酸橘汁腌鱼相比,这道菜的调味相对温和。

青豆冷汤配里科塔芝士和腌红葱头是我最喜欢的菜肴之一。大量青豆和鲜薄荷叶一起做成了这道清爽美味的健康冷汤。再将里科塔芝士和腌红葱头倒进汤里搅拌的话,薄荷的口味就更加香浓了。西班牙米烩饭是我个人非常喜欢的另一道菜——切成薄片的西班牙红虾放在菠菜阿尔博里奥米饭上,口感和风味形成了鲜明的对比。

让人难忘的还有纳帕的葡萄酒。这家餐厅有一个令人印象深刻的地下拱形酒窖,里面存放着一排排优质而罕见的葡萄酒。

纳帕的葡萄酒菜单更像是一本葡萄酒的圣经。如果你对葡萄酒并不是很了解,自己也很难做出选择,不妨试试由主厨和品酒师一起精心准备的时令美食体验菜单。葡萄酒的陪伴会让你的用餐体验更加完美。

纳帕红酒主题法餐餐厅

地址 / 中山东二路 22 号 2 层
电话 / 6318-0057
营业时间 / 下午 6:00 至晚上 10:30
人均消费 / 550 元

供应完美早午餐的
Diner 餐厅

严格来说，人们来 Diner 餐厅是为了享用周末早午餐的，但实际上这里的早午餐菜单每天都有供应，而且一天中的任何时候你都可以吃到这里的慰心美食。

这家餐厅有两层，但目前只有一楼的空间对外开放。吧台旁还有几张四人桌和几个座位。内部的装饰以白色为主，干净而复古。这里的环境闲适而恬静，非常适合享用周末早午餐，但

不能保证随时都有座位哦。这里还有丰盛的菜肴，如饼干加香肠肉汁、煎饼、法式吐司，你可不会饿着肚子离开。种类丰富的早午餐鸡尾酒和软饮可以让宿醉的人们快速恢复。点上一杯血腥玛丽，再搭配他们自制的午餐肉、皮奎诺辣椒和曼萨尼亚橄榄，一定不会让你失望的。作为一家美式的全天候早午餐餐厅，这里并不适合重视健康饮食的人们。这里所供应的菜肴

美味而丰盛但都不那么清淡,特别是这里的晚餐。焗烤南瓜将蜜饯辣椒、水芹和花生与椒盐酸奶和烤南瓜混合在一起烹饪而成。法式吐司和煎饼都有三种口味可供选择:经典、有趣和金牌。我选择了金牌煎饼(78元),配有榛子酱,金莎巧克力碎(Ferrero Rocher)、培根和炸香蕉。虽然我还想做更多的尝试,但是菜肴的大分量让我望而却步。我可能会再来一次尝尝这里的金牌汉堡,因为菜单上显示这款汉堡包含俄式调味酱、德国酸菜、五香熏牛肉、焦糖洋葱以及格鲁耶尔干酪,让人垂涎不已。

DINER

地址 / 五原路 145 号
电话 / 6416-1678
营业时间 / 上午 10:00 至晚上 10:00
人均消费 / 150 元

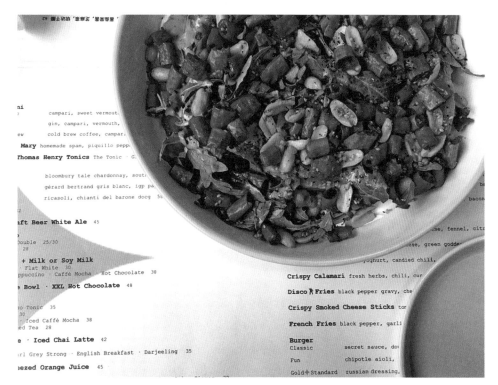

上海市中心的西班牙美食

位于铜仁路香格里拉大酒店对面的 El Iberico 将传统与现代有机结合在一起，是一间令人愉悦的小餐馆。这家时尚的西班牙小餐馆是著名室内设计师周光明(Ray Chou)创办的，西班牙美食是他的首选菜肴之一。他在这片相对较小

但又十分整洁的空间里打造出一种轻松现代的氛围——轻木家具与黑白花卉图案的地砖形成了鲜明对比。这样的设计旨在吸引静安区时尚的食客们，因为他们总在寻求精致的用餐场所。

西班牙经典餐前小吃包括：优质生火腿、火腿丸子、煮章鱼、玉米粉圆饼和炒红虾。西班牙海鲜饭绝对是其中最受欢迎、最适合共享的菜品之一。

在最近的一次到访中，由于是夏天的炎热，所以我决定只吃小吃，再搭配一杯优质的西班牙葡萄酒。不要指望在这里尝到特别有创意的菜肴，因为 El Iberico 餐厅的宗旨是给本地人带来经典的西班牙风味美食。

我选择了好几个西班牙小吃。醋浸小银鱼 (48 元 /4 条) ——一道几乎只在西班牙才能吃到的小吃——味道十分丰富。这些美味的小

银鱼用醋、橄榄油和大蒜腌制之后，再搭配涂有香蒜酱的微微烘烤的面包，让人胃口大开。

下一个小吃是蒜香蛏子 (78 元 /10 个)，与第一个比起来口味更轻。根据经理所说，本地的客人更偏好不那么重的口味。我加了一点儿海盐，给这道菜增添了一点儿风味。

火腿煨甜豆也很令人满意。鲜绿的手剥豌豆的甜味与伊比利亚火腿的浓郁风味很好地融合在一起。低温鳕鱼配青豆泥是我在这个晚上最喜欢的一道菜。这道菜看上去很普通，但它其实融合了多种风味：肥美的鱼肉有着酥脆的外皮，豌豆泥也有着丝滑般的口感，整道菜散发着春天的味道和色彩。

酒水单上的酒水除了产自法国的香槟其他都是西班牙葡萄酒。餐厅的主人热衷于为客人带来西班牙最好的葡萄酒。

EL IBERICO

地址 / 铜仁路 72 号
电话 / 6143-7696
营业时间 / 上午 10:00 至晚上 10:00
人均消费 / 200 元

向亚洲风味发散的
Ginger 餐厅

GINGER BY THE PARK

地址 / 兴国路 91 号
电话 / 3406-0599
营业时间 / 上午 10:30 至晚上 11:00（周一至周五），
上午 10:00 至晚上 11:00（周六），上午 10:00 至晚上 10:00（周日）
人均消费 / 200 元

Ginger by the Park 位于前法租界中最恬静怡人的一处场所，设有一个露台，可以俯瞰兴国路与湖南路交叉口上迷人的公园。这家三层餐厅是由资深餐饮从业者吴女士设计创办的，十年前她就曾在复兴西路上的 Le Passage 综合体内创办了第一家 Ginger 咖啡馆。

这里是客人聚会的时尚之选，却温馨而惬意，吴女士使用了诸如木材、铜器、陶瓷器和皮革等元素赋予了这片空间勃勃生机。她的朋友创作的各种大胆而又丰富多彩的绘画为整个三层空间增色不少。拥有卓越的艺术和设计眼光的吴女士还将自己的藏品融其中，有她旅行途中收集的装饰品，还有从她的婆婆那里继承的私人传家宝，她的婆婆收集了大量来自欧洲各地的精美物件。

Ginger 餐厅最初的理念是供应餐厅的新加坡主人吴女士喜欢吃的食物，融合并反映了她的旅行、在新加坡成长的日子和在东京生活的十年，一种带有亚洲风味的世界美食。从复兴西路上的第一个地点搬到现在的位置，对于吴女士来说可谓是上天赐予的最伟大的礼物，拥有着一家可以俯瞰整个公园的餐厅简直就是做梦啊。在上海这样一座绿色空间十分有限的城市里，还有什么比这更好的么？

在保留 Ginger 餐厅经久不衰备受喜爱的菜肴，如鸡肉塔吉锅 (Tagine)，迷迭香鸡和小拼盘 (Mezze) 的同时，吴女士将餐厅变得更加亚洲化。在这里，我强烈推荐这里具有亚洲风味的食物。

蔬菜条配蘸酱通常都是开胃菜的不错选择。吴女士从充满各种香料和口味的亚洲大陆汲取灵感，创造了不同寻常但又十分美味的亚洲特色蘸酱 (88 元)。她在自己的花园里种了薄荷味的叻沙叶 (一种越南薄荷)，将其捣碎与松子混合在一起做成了其中一种蘸酱。其他的蘸酱还包括烟熏风味与熟鳄梨和香菜融合的烤番茄酱，以及用被人们认为比花生更健康的腰果制成的沙爹酱。吴女士的这道蘸酱还配有脆米饼，让你可以尝遍所有口味，体会不一样的口味。

我还推荐清蒸黑鳕鱼 (180 克) 配柠檬草、生姜、卡曼桔、辣椒与罗勒叶蒜味饭团 (258 元)。肥美而奢华的黑鳕鱼是市场上口感最丰富的鱼类之一，Ginger 餐厅通过清蒸的方式保留

其原有的味道，柔嫩而细腻。异国风味的香料、卡曼桔汁和少许辣椒都让其滋味更活跃。这道菜呈上桌时会配一块烤饭团，一种日式米饭，以及切碎的罗勒叶和油炸大蒜碎。

吴女士说，Ginger 餐厅里许多菜肴都是在低温下慢慢煮熟的，所以肉的汁水充足并且十分柔嫩。

这家餐厅对其甜点菜单同样非常自豪。莫吉莫吉水果冰淇淋 (52 元) 可以完美地结束一次晚餐。吴女士从柔嫩而耐嚼的日式摩卡 (糯米糕) 中吸取灵感，在其中加入了脆米香，还混合了自制的香茅、香草或杧果冰淇淋以及水果块。

提升到新高度的
The Cut Rooftop 露台

对于那些喜欢精心制作的鸡尾酒和精致食物的人来说，以露台休息室兼酒吧对外进行营销的 The Cut Rooftop 是一个令人愉悦的偷闲去处。但最重要的，它是一个可以在一天漫长的工作之后尽情放松的理想场所。并且它位于上海环茂 (Iapm) 购物中心，这样优越的地理位置使其成为下班后或周末聚会的便利地点。

The Cut Rooftop 是 VOL 集团的最新成员，之前该集团在环茂购物中心 6 楼开了一家 The Cut Steak & Fries，被收录在 2017 年米其林上海指南。就在 Cut Steak & Fries 上面一层的 7 楼露台区域，全新的休息吧刚刚开业，那里的氛围更加时尚、年轻、前卫而又轻松。

室内的色彩主题融合了蓝色、粉红色以及其他柔和的颜色，舒适的沙发和椅子沿着墙壁摆放着，烘托气氛的音乐萦绕在空气之中。

从 9 月份开始，当天气更加凉爽的时候，室外露台一定是小酌畅饮的热门去处。坐在室外，俯瞰着襄阳公园和静安天际线，先让自己舒适起来，然后在这里度过一个美好的夜晚，享用着创意鸡尾酒和令人愉悦的美食，沉醉于屋顶的轻松氛围和音乐节奏中店主人会邀请知名 DJ 用精湛的音响系统演奏客人最喜爱的曲调。

我在 The Cut Rooftop 的夜晚是从一杯 BKK Tonic 开始的,那是一种绝妙的夏日鸡尾酒,融合了西番莲水果、椰奶、卡菲尔(Kaffir)叶和杜松子酒,充满异国情调。其他可以选择的时令奎宁水(Tonic)还包括石榴奎宁水、加入了玫瑰胡椒和新鲜黄瓜与薄荷的黄瓜奎宁水,以及浆果奎宁水,顾名思义,里面含有新鲜的浆果和橘汁。在炎热的季节,每种奎宁水都十分清爽。食物菜单非常周到地兼顾不同客人的口味,从沙拉、油炸类食物、生的美味、小零食和烧烤类食物,不一而足。

我选择了岩虾柚子鸡尾酒,美味而又精致,是由诸如香菜、青葱、细香葱等融合亚洲香料与柠檬汁、李派林汁(Lea Perrins)以及金橘汁混合在一起精心调制而成。

我建议你点一些油炸类食物,因为它们是工作后小酌的绝配。猪肉丸子是简单而舒适的食物,但泰国姜味酱汁使得它升级到了更复杂的水平。

我也很喜欢炒蛤蜊,客人可以选择用奶油、香料与培根或者白葡萄酒与大蒜酱两种方式进行烹饪。两者都很好吃,蛤蜊也绝对很新鲜。

9 月下旬,The Cut Rooftop 开始供应早午餐和午餐。很快,无论是白天或者晚上,食客们都将可以在屋顶远眺城市天际线了。

THE CUT ROOFTOP

地址 / 淮海中路 999 号,
环茂中心 iapm 7 层
电话 / 6143-7696
营业时间 / 下午 3:00 至清晨 1:00
人均消费 / 180 元

烹饪艺术家奉上的美食喜悦

AKMÉ

地址 / 乌鲁木齐南路 55 号 1 层
电话 / 6428-9799,6469-9969
营业时间 / 下午 6:00 至
晚上 10:00
人均消费 / 800 元

自从 2011 年在巴黎创办第一家餐厅"Akrame"以来，主厨阿克力母·贝纳尔 (Akrame Benallal) 在美食界引起了不小的轰动。这家餐厅在一年之内就被授予了一颗米其林星。在巴黎成就自己的名声不是他的最终目标，贝纳尔想要征服的也不仅仅是欧洲，他在香港创办与自己同名的餐厅，还在马尼拉、菲律宾和阿塞拜疆的巴库创立了其他品牌。上海的吃货们是幸运的，他选择了中国这座人口最多的城市来展示自己的烹饪技巧和专业知识。

贝纳尔与 55 by The Group 合作并创办了 AKMÉ 和 Passage by AKMÉ 作为他在中国大陆的首次尝试。"我来上海已经两年多了，我发现这座城市的美食风貌深深触动了我。55 by The Group 的项目本身也令人惊艳，非常了不起，让我有信心在这里开设自己的餐厅。"贝纳尔说。

AKMÉ 是一家高级的美食场所，在这里你可以尽情感受主厨的天下。主厨经常会将基于某一个想法、一样食材、一种感觉，有时是一种心情而开发出一道菜作为开始。"但我的菜单会根据当地的文化和产品而做出改变。我喜欢看到当地人的反馈，并且我会开发出适应这个市场的菜单。例如，在这里我们调整了食物的分量，并将重点放在了海鲜上。"他说。

贝纳尔的理念是不断为他的顾客带来变革与惊喜。"通常情况下，如果一家餐厅刚开业时就打算展示出它所有的特色，那么之后就再也没

有惊喜了。那不是我的方式。每次我的客人回到我的餐厅，他们都会很乐意发现我这里的推陈出新，"Benallal 说，"当客人说他们在其他餐厅从未吃到过这样的食物，那就是他们对我最好的赞美。"

Benallal 通过运用优质食材和意料之外的口味搭配，巧妙地以一种纯粹而强大的风格将当代法国美食诠释出来。主厨极具创造性又很大胆，但仍然坚守底线。他的底线就是尊重食材以及食材之美。"我会尝试使用一种食材所有可能的部分，比如以不同的层次、风味和口感呈现一只龙虾或一条鱼。"他说。

AKMÉ 的内部采用柔和而朴实的色调,奠定了温馨宜人的氛围。抢眼的各种蔬菜的大型黑白照片,旨在提醒人们各种食材及其风土的根本精髓所在。目前,餐厅提供三种类型的固定菜单,包括四道菜的特价菜单 (588 元)、六道菜的 AKMÉ 特色菜单 (988 元) 以及八道菜的时令品尝菜单 (1288 元)。

我的美食之旅开始于一盘精致的自制意大利面配蘑菇、黑松露和帕尔玛干酪,接下来是大明虾、虾高汤配烟熏红茶。烟熏红茶极好地增加了高汤的风味,大明虾肥美多汁,带有一种微微的甜味。对于第一次来这家餐厅的客人来说,烤蓝龙虾配葡萄柚和芜菁是必点的经典

菜肴。主厨以简单大胆的方式进行创造的能力通过这道龙虾菜肴再次展现出来,龙虾会在你面前烤,盘子中葡萄柚点缀的沙拉也增添这道菜的风味。法式鹅肝批的浓度及其雅致的摆盘也令人印象深刻。

然而,在尝试这里的甜点之前千万不要离开餐厅:烟熏、慢烤菠萝和香草,它的灵感来自艺术家皮埃尔·苏拉日 (Pierre Soulages)。"黑色是我最喜欢的颜色,深刻、浓厚而又神秘,这种颜色充满了无尽的可能性。一切事物都是自于黑色,就像皮埃尔·苏拉日的画。这道甜点就是从这种迷恋中诞生的。"贝纳尔这样说道。

没有界限的"世界美食"

STYX 如同一颗隐藏的宝石，是摆脱所有喧嚣的好地方。

衡山路上永平里综合体中的这家餐厅给人一种近乎度假的感觉。它装饰有华丽的热带风格壁纸、奇异的配饰和夸张的招贴画。与同样位于永平里之中却没有如此强大设计理念的其他餐厅相比，这里有夏天般感觉的内饰本身就是一个惊喜。

STYX 是帕斯卡·帕罗 (Pascal Ballot) 创办的一个品牌，2009 年至 2016 年期间他曾在外滩三号工作。职位从运营总监到市场部和业务发展总监，帕罗几乎改变了一切，而在外滩三号培养出的创新性让他可以与各种餐厅经理和客人进行长时间的交流，了解双方的期待和需求。"那是难以置信的七年。不管是在厨房还是在餐厅大厅，我和许多经验丰富的人一起度过了很长时间。我从同事那里学到了很多东西，开发了我的味蕾也增长了我的服务知识。"他说。

帕罗还曾为上海世界美食节 (Omnivore World Tour Shanghai) 组织过好几年外滩三号方面的物流，这是与上海以及世界各地的创意厨师进行互动的绝佳方式。"开一家餐厅是我小时候的梦想之一。我想，曾经希望在热火朝天的环境中和刀与火为伴的那种兴奋感，以及为客人带去即时愉悦的目标都被实现了。而且，上海也是一座令人难以置信的城市，这里的中外人士都喜欢外出寻找美食和饮品。

STYX

地址 / 衡山路 199 号
电话 / 5401-9356
营业时间 / 下午 5:00 至晚上 11:00
（周二至周六），中午 12：00 至
晚上 9:00（周日）
人均消费 / 100 元

这就是为什么我没有考虑其他的城市来开始这个项目。STYX 有着一个美食故事的理念，烤串的特色与遍及几个国家和大陆的一系列亲密旅程有关。我邀请人们来吃、来分享和品尝一种没有界限的'世界美食'"。帕罗说。

无论帕罗去哪里旅行，他都会在街头食物中找到一座城市的精华。各种小摊和小店是人们每天会去享受美食的地方，也代表了当地的口味。

"这些店通常会有一个多元化的客户群体，从谦逊的蓝领工人到成功或富有的白领工人，他们都喜欢在简单的氛围中享受正宗美味。我是欧洲人，但我人生一半的时间都是在东南亚（新加坡和印度尼西亚）和上海度过的。我想创造这样一个地方，让我们可以享受不同来源的美

食，同时又不会变成令人尴尬的混合与搭配。"帕罗说。

"我把餐厅最有特色的食物做成烤串，首先是要向我在东南亚成长过程中吃到的各种各样的沙爹 Satay（烤串）表示敬意。但同时它也是一种方式，通过这种方式，食客们可以在餐桌上找到形式上的共同之处，无论你是在吃法国菜，比如鸭肉配芥末奶油酱；印度尼西亚菜，像是烤鸡肉串配花生酱；还是南美菜，如牛肉配阿根廷香辣酱。烤串这种方式在视觉上会有相似之处，但是这些风味会让客人在同一餐中去到不同的地方。"

在 STYX，烧烤和串烧的休闲乐趣带来了街头美食的欢愉体验，就像是在街上，你可以一

个人选择一个价格合理的套餐,或者和朋友一起来几种不同的烤串,再来一些配菜、开胃菜和可口的饮料,消磨时光。

由于刚刚开业不久,帕罗表示他仍在调整菜单。他推荐我尝试这里的套餐,包括两串烤串、一份配菜和一份酱料。我选择鸡肉沙爹串配腌菜和米饭(58元),烤鸭肉配芥末奶油酱和鸭油炸土豆(58元),以及慢烤猪肚配烧烤参巴酱和蒜泥刀豆(68元)。

与印度尼西亚的街头口味相比,鸡肉沙爹的口味有点温和,但绝对是这里最受欢迎的一道菜。烤猪肚串非常有创意,它的灵感来自于巴厘岛乌布地区塞满香料的烤整只乳猪。腌菜和配菜也是各种多肉烤串的绝佳搭配。

颜色的爆炸，
北欧美食的征服

Pelikan 开业不久，但它已经成为上海最热门的地方之一：时尚而休闲，有着很棒的工作人员以及让你感到震撼的北欧风味美食。丹麦主厨卡斯拜尔·阿姆赫勒特·彼得森 (Kasper Elmholdt Pedersen) 曾在米其林一星级餐厅 Henne Kirkeby Kro，哥本哈根备受欢迎的从农场到餐桌的 Geist 餐厅以及加拿大艾伯塔省的 RGE RD 餐厅中磨炼自己的厨艺。

这家餐厅位于西康路上一幢改建的文物建筑之中，有着温暖的热带风格主题色调。"人们可能希望在北欧主题的环境中体验北欧的美食。但是相反，我认为给内部风格一种相反的理念会更加有趣。"这种装饰背后的创意者克莱格·威利斯 (Craig Willis) 说。复古的绿色瓷砖、奇异的定制壁纸、原生的木材以及暴露的天花板打造出了一种俏皮活泼而轻松的气氛。

在过去的几年中，北欧风格的烹饪潮流如风暴一般席卷全球。"北欧美食的核心是使用产自当地环境的优质时令食材和高品质农产品。在 Pelikan，我还会和许多上海本地优质的供应商合作，并且尽可能多地使用本地的农产品。"彼得森主厨说。

时令食材和创意备料是 Pelikan 的重点，再搭配上北欧烹饪、熏制、保存、腌制和摆盘。彼得森推荐价格为每人 300 元的主厨菜单，它旨在让客人将每种食物都品尝一点儿。"北欧小盘食物是朋友之间分享的理想选择。我们会在你的餐桌上摆满10份小盘以及偏大的分享菜肴，然后，你就进入了我们的休闲北欧餐饮世界。"他补充道。

在最近的一次到访中，我的Pelikan体验开始于迷你胡萝卜和小红萝卜配香草蘸酱——简单而新鲜。腌制的扇贝和黄瓜的口味很清淡，有着淡淡的莳萝和海鲜风味。甜菜是烧焦的，却将它们带到了一个新的烹饪高度：烟熏味之后是甜菜的甜味，还混合了甜菜根泥，对于喜欢甜菜根的人来说这是一道难以抗拒的菜。多汁猪肉是我个人最爱的一道菜。猪肚在黄油中炖了大约12小时，肉质变得柔嫩多汁。这道菜配有腌洋葱和沙滩蘑菇，底部还有一些蘑菇奶油，为菜肴增添了一丝朴实的风味。

Pelikan还提供包括正宗丹麦三明治在内的北欧午餐套餐。以及一个主厨午餐菜单（每人118元），包括5个小盘菜肴，可以在餐桌上一起分享。

PELIKAN

地址 / 西康路 255 号
电话 / 6266-7909
营业时间 / 上午 11 :30 至下午 2:00（周二至周五），下午 5:00 至清晨 12:00（周二至周六），上午 11 :00 至下午 5:00（周末及公共节假日）
人均消费 / 350 元

高档墨西哥风味与传统的大胆融合

2008 年开业的玛雅可以说是上海最高档的当代墨西哥餐厅,但是食客们从未被吓到,这个繁华的场所仍然保持着温暖而轻松的氛围。现代街头艺术装饰着用餐区域的浅色墙壁,而开放式的吧台区域则为那些寻求可口的工作后饮品和美味炸玉米饼的人们提供了休闲而动感时尚的用餐环境。玛雅将自己定位成一家从正宗墨西哥风味中汲取灵感的当代餐厅,还带有一丝加利福尼亚风格。它美味的菜品中使用的都是新鲜优质的食材,有着很好的声誉。

菜单每 6 个月更新一次。除了全新的夏秋季菜单,玛雅还推出了一份素食主义菜单。餐厅合伙人米格尔·约森 (Miguel Jonsson) 表示,

这是为了跟上人们寻求健康生活方式的潮流。墨西哥美食的口味非常丰富,并且分量很足,可以满足素食主义者,或者那些只是寻找某些差异的食客的需求。

新来的主厨尤纳森·耶森瑟 (Jonathon Ynsense) 来自于墨西哥普埃布拉州,他创造出一些不拘一格的菜肴,满足客人的同时也推动着美食的边界向外延展。招牌菜依然是鱼馄饨塔可(Fish Wonton Taco)、阿根廷牛肉和墨西哥牛肉卷(Beef Carne Asada),还有五花肉塔可 (墨西哥煎玉米卷)和墨西哥糖霜油条(Churros)。这些菜肴自餐厅开业以来一直在菜单上,经受住了时间的考验。

在我最近一次到访中，我点的五花肉塔可绝对是无比美味。慢烤的五花肉与魔力卷心菜沙拉、杧果和启波特雷 (chipotle) 酸奶油混合在一起，达成了口感和风味的平衡。如果你不点这个塔可，你将会失去一次真正的享受。这里大部分食物都有丰富的口味，但是口感上清新爽口，比如混合了椰子、西番莲沙沙，烤腰果和菠萝的加勒比酸橘汁腌海鲈鱼 (Chunky Seabass Caribbean Ceviche) (68元)。我的主菜是墨西哥牛肉卷，它是这个夜晚的亮点。主厨说这道菜的灵感来自于真正的墨西哥风味与他自己创造力的融合。高浓缩的牛肉汤、菠萝泡菜以及阿根廷辣酱 (Chimichurri) 的混合物和牛肉一起呈上，还有烤土豆、豆瓣菜沙拉和鳄梨作为配菜。

耶森瑟也非常自豪地在玛雅提供自制的摩尔 (Mole)，一种含有42种食材的传统墨西哥酱。想要品尝这种特色酱汁需要点一个鸡肉摩尔塔可 (Chicken Mole Taco)。

玛雅曾经的客户以外籍人士为主，但现在可以看到更多的本地客人。不同客人的混合使得这里的环境更加有趣。

玛雅

地址 / 巨鹿路 568 号
电话 / 6289-6889
营业时间 / 下午 5:00 至
晚上 12:00（周一至周五），
上午 11:00 至晚上 12:00（周末）
人均消费 / 250 元

与众不同却是惊人之宝

珂玛厨房位于外滩北部一家地下购物中心之中，它所处的位置似乎有点不合适——在辛辣的火锅店和韩国烧烤店旁供应严肃正宗的地中海美食。这家餐厅不容易找到，而且没有户外座位。但是，珂玛厨房地理位置上的缺陷可以在食物上得到弥补。它的厨师团队曾在包括悦榕庄、喜达屋、雅高和美高梅在内的多家五星级酒店工作过。

主厨钟先生尤其擅长开发新菜以及在意大利和法国经典菜肴基础上增添自己的风格。他有着十多年的烹饪经验，曾在包括台北的

L'Atelier De Joel Robuchon 和 Angelo，以及上海的 More Than Eat 等多家餐厅工作过。

凯撒沙拉（78元）是一道值得推荐的开胃菜。它是由烤鸡、酥脆的意式培根、白凤尾鱼和帕尔马干酪片做成的。经典的水煮鸡蛋在这道沙拉中以不同的方式呈现出来——钟先生以溏心蛋的奶油状蛋黄和凯撒沙拉酱一起作为酱料。

另一个特色开胃菜是鹅肝三吃：煎鹅肝、鹅肝酱和鹅肝慕斯（228元）。鹅肝酱被一层开心

果碎包裹着，增加了另一种口感和坚果风味，而鹅肝慕斯则是十分的甜美嫩滑。腌制三文鱼配自制的乳清干酪、茴香和莳萝酱、黑鱼子酱及芝麻菜，(98 元) 是一道新鲜的开胃菜，腌鱼汁中还加入了甜菜根汁。自制龙虾汤配干邑白兰地和大块龙虾肉 (98 元) 是一道口味浓郁的热汤。

至于主菜，盘煎鳕鱼配西班牙辣香肠、甜椒和蔬菜炖肉浓汤，慢炖和牛牛颊配黑松露、酥脆的意式培根和玉米粥都是带有一丝变化的经典地中海菜肴。慢炖牛肉非常柔嫩，有着浓郁的黑松露芳香，鳕鱼做得也很好，汁水很多。两道菜的价格都是 258 元，牛颊肉这道菜还有适合两到三人分享的大份可以选择。

甜点菜单上都是经典的意式点心，包括意式炖蛋配覆盆子酱、提拉米苏、巧克力熔岩蛋糕配野生浆果冰糕以及意大利奶酪拼盘。糕点师方先生使用优质的意大利 Amedei 巧克力制作巧克力蛋糕。

餐厅宽敞而舒适，有近 200 个座位和 4 个不同大小且风格各异的包间。厨房是开放式的，客人可以看到厨房里面的操作。

珥玛厨房

地址 / 公平路 36 号, 9-4,9-5,9-6
电话 / 6591-3570
营业时间 / 上午 10:00 至晚上 10:00
人均消费 / 300 元

正宗法国美食的守护者

LE BOUCHON

地址 / 武定西路 1455 号
电话 / 6225-7088
营业时间 / 下午 6:30 至
晚上 10:30（周日歇业）
人均消费 / 300 元

在上海有着 20 年历史的 Le Bouchon 更像是隐藏在武定西路的一家机构，而不是简单的法国菜餐厅。20 年后的 2017 年，感谢 VOL 集团前任市场总监，餐饮界资深人士查尔斯·柏林 (Charles Belin)，一个全新的基于相同乡村理念的故事才得以开始。作为 Le Bouchon 餐厅 15 年的忠实客户之一，Belin 在今年偶然的一次机会中接手了这里，他致力于复兴和秉持传统的理念——做一家真正的法国乡村家常美食餐厅，提供让每个在上海的法国人都可能会经常想起的祖母厨房的美味。

1997 年开业的 Le Bouchon 是上海最古老的法国菜餐厅，承载这许多活动和回忆。这家餐厅的前主人蒂尔里 (Thierry) 在经营了 18 年之后决定回到自己的祖国。"进了 Le Bouchon 餐厅，你就已经不再身处中国了。"柏林说，"这些年来，Le Bouchon 一直是我思乡时的一个庇护所。这个地方总能唤起我童年的记忆，从未失败过。我希望自己最喜欢的餐厅能保持这种奇特、旧时的法国小酒馆风格，以最传统的方式继续经营下去，提供如家一般的、美味而又乡村的法国美食。"

为了更新菜单，柏林找回了主厨米歇尔·杰克夫耶夫 (Michael Jakovljev)，他曾是 Kee Club 的行政总厨，目前在法国阿尔萨斯的美食区创办了自己的餐厅 Plume。柏林还带来了他祖母的一些食谱，包括蜂蜜烤猪肘配农场魔鬼蛋，以及从他姑奶奶那里继承的"入口即化"

的巧克力蛋糕，他从 9 岁开始就保存着这个蛋糕的手写食谱。

在我最近的到访中，我点了几道经典菜肴，让我想起大概 7 年前在 Le Bouchon 的记忆。蜗牛配蘑菇和蒜蓉欧芹黄油是经典的开胃菜，而鸭肝汤配苹果汁和油封果酱会让你有一个好的开始。

Le Bouchon 牛肉鞑靼是我之前最喜欢的一道菜，这次同样没有选错。尽管食谱看起来相当简单，但是味道非常正宗，这一点确实不容易做到。另外，用雷司令酒配奶油沙司放在罐中烹饪的鸡肉也是柏林自己非常骄傲的另一道主菜。Le Bouchon 的食物非常温馨，口味也比较重，非常适合在寒冷的季节食用。

法国人会来这里享受欢声笑语、大蒜和温热的欧芹黄油的气味，来自世界各地的人群也可以在这里体验真正的法国生活方式。"Le Bouchon 有着成为正宗法国美食守护者的潜力，就像以前那样，这里不仅欢迎我们的法国同胞，还要招待和吸引很多那些希望体验传统法国人的质朴和率真的非法籍客人。"柏林这样说道。

小食和酒吧

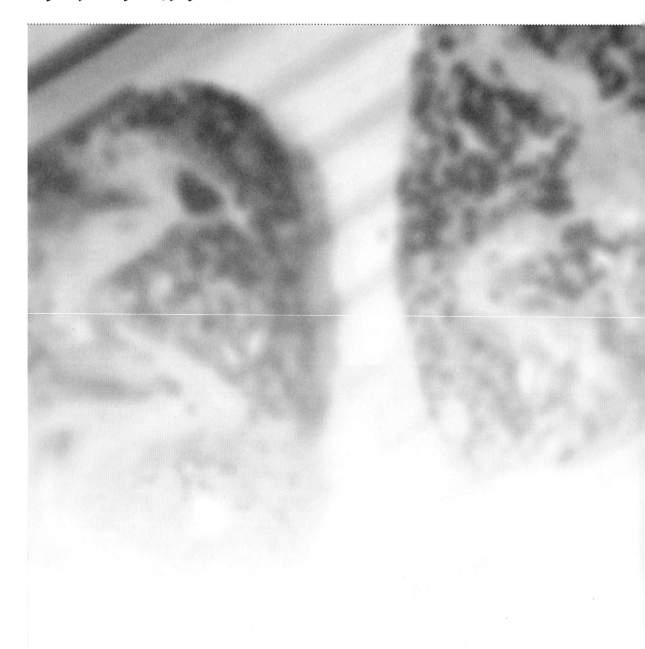

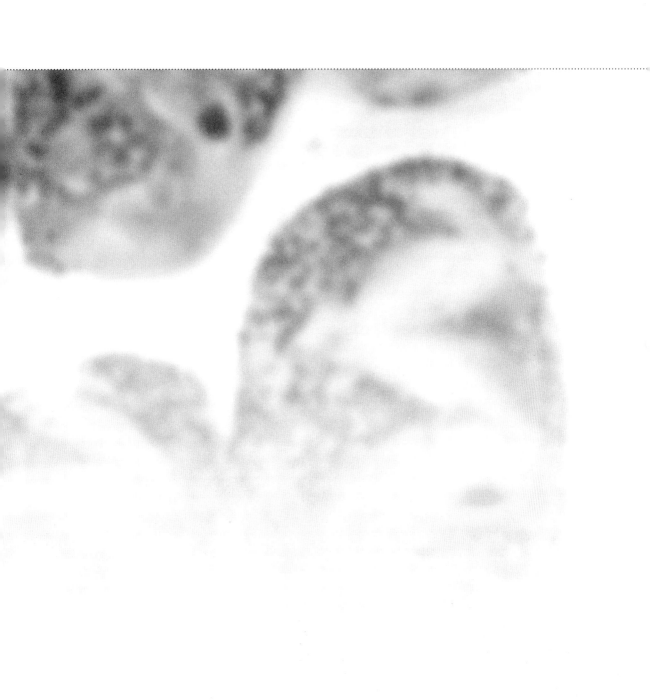

麦迪逊主厨创办的
随取即行餐馆

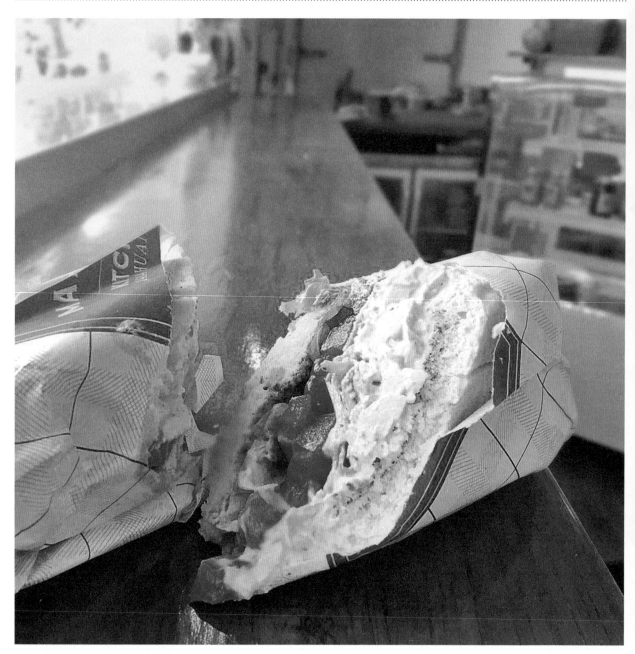

近日来，前法租界里如雨后春笋般地涌现出了许多外卖餐馆。然而这片区域的新成员之一，麦迪逊餐厅 (Madison Kitchen) 因其主厨胡先生的精湛厨艺，而变得非常受欢迎。他告诉我们，开一家熟食店是他一直以来的梦想。"它们是我纽约经历中的最精华的一部分。"胡先生说，"在麦迪逊，我们一直制作面包和肉类食品，所以现在是时候迈出一小步、多花一点儿精力来制作人们在餐厅之外也能享用的食物。"

这家纽约创意熟食店位于淮海中路与复兴西路交叉口的角落里，是一个惬意而舒适的地方，每当午餐时刻，这里美味的三明治都会吸引成群的食客。"关于选址的问题，我的根据地一直都围绕在前法租界附近，从东平路的第一家 Madison 一直到汾阳路的 Union Trading Company 酒吧的整片区域。我很喜爱这片街区，因为它是一个充分蕴含着上海多样个性的步行街区。"他说，"我的初衷从来不是想要开一家十分炫酷或者人气爆棚的餐饮店。我只是想做一些高品质的事情，一些令我引以为豪，并愿意一次次投身其中的事。我认为这些熟食店餐馆不断涌现的原因其实很简单，就是因为便捷。上海是一座忙碌而又充满活力的城市，所以我们并不会总有时间能坐下来用餐。然而，这当然不意味着你必须让自己妥协于快餐或是预包装的午餐。"

胡先生说，在他看来衡量一家熟食店的优劣，首先也是最重要的一点就是看它的肉食以及三明治。当然，除了这些还要看店里是否具有美味而有创意的周边食品作为支持。"我们全部使用自己制作的肉食，包括正宗的五香烟熏牛肉、可乐腌制火腿、用梨木与山楂木熏制的独特美式培根以及用文火慢烤八个小时的牛肉，等等。"胡先生解释道。

在最近一次的到店拜访中，我点了绿蛋火腿三明治 (55 元)。它是由鸡蛋沙拉、可乐熏火腿、罗勒松仁酱和切达芝士混合在一起制作而成的，整道菜品直达最后一口都美味无比。其他必点的还有牛肉辣根三明治，它是将酸酵意大利面包、辛辣的辣根酱、三分熟牛肉、腌制洋葱以及切达芝士搭配在了一起。另一个热卖品是泡菜猪肉芝士三明治，这是一种烤芝士三明治，用了四种芝士搭配韩国泡菜和火腿做成。在放入三明治机之前，主厨还会将黑色的黑麦酵母涂抹在上面。肉丸和花椰菜沙拉是对老麦迪逊菜单的继承，并保留了很多大众喜爱的菜品。

Madison 餐厅有一个为其供应所有三明治面包片的全方位服务面包房，并且正在逐渐增加产量以便将真正香甜美味的美式烘焙带给顾客。

MADISON KITCHEN

地址 / 淮海中路 1414 号
电话 / 6404-0025
营业时间 / 上午 8:00 至晚上 8:00（周二闭店）
人均消费 / 90 元

上海芝士烤吧成就
切片芝士的天堂

CO. CHEESE

地址 / 愚园东路 32 号
电话 / 3211-8036
营业时间 / 上午 11：00 至
晚上 11：00
人均消费 / 70 元

Co.Cheese 店特有的芝士烤台专门制作各种烤奶酪令你享用芝士直到心满意足。Co.Cheese 烤吧在愚园东路上，离晶品购物中心 (Crystal Galleria mall) 不远，是一家十分小巧的店铺。创办这样一家店的达人就是格莱克·杰克斯托维兹 (Greg Jurksztowicz)，几乎每晚你都可以在柜台后看到他。没错——除了各种三明治，Co.Cheese 还有一个柜台提供啤酒、特选葡萄酒以及鸡尾酒，比如他们这里极好的血腥玛丽。除了酒精，还有什么能和烤芝士更搭配? 柜台是向外面开的，室外又重又高的木桌和五颜六色的金属椅子占据着有顶棚的过道，让这个小巧的卖酒处成了可以在晴朗的午后或温暖的夜里小酌一杯的好去处。当然，最吸引人的还是那份菜单，上面详细写着各种可供选择的烤芝士三明治。"自创三明治，

尤其是用各种烤芝士来自制三明治是我自孩童时期来一直喜爱的一件事。"杰克斯托维兹说道。在菜单的顶部有了可用于创造自己专属的烤芝士三明治的各种选择。上面有着各种各样的芝士供你挑选，包括切达芝士、马苏里拉芝士之类的标准芝士，当然还有肉和素菜配料可选。然而，菜单上大部分的空间还是写满了可选择的各种精致烤芝士三明治，它们大多是 Jurksztowicz 自己的独创，包括很多的经典口味，比如金枪鱼三明治，当然还有很多更有趣的搭配，比如绿色咖喱鸡和马苏里拉芝士的组合。打造这样一份菜单并非易事，"我是摆弄了好些年的剩菜和奇怪的食材，尝试了各种组合，才有了许多现如今这份菜单上的三明治配方。"杰克斯托维兹说。

我们品尝了好几种杰克斯托维兹的配方，都无比的美味，当然最重要的还是里面渗出的香浓热烤芝士。Co.Cheese 的金枪鱼三明治稍有一点儿辛辣，是对旧爱的一种全新发挥。糖渍蘑菇烤芝士三明治则是牛肝菌和瑞士干酪搭配的成果。此外，菜单上还专门为出国在外的美国人特供两款经典美式三明治。一个是九号 (Number Nine)，夹满了华夫通心粉与芝士的烤芝士三明治，正是你小时候吃的三明治的味道。另一个，也很好记，十号 (Number Ten)，简直就是将感恩节大餐夹在了三明治里面——可谓是馅料十足，土豆泥、火鸡肉、蔓越莓酱，还有加工过后的切达芝士将它们都黏合在一起。

寿司爱好者的
现代用餐天堂

坐落在吴兴路与淮海路交叉口的 Most 可谓是寿司爱好者的天堂。它是一个有着咖啡店感觉的小巧可爱的餐厅与酒吧的复合体。这片空间里装饰着暗色调的做旧木材和白色瓷砖，充满了工业拉丝金属的气息。尤其是夜间，屋内会点上昏黄的电灯，与此同时，许多小蜡烛的烛光摇曳着洒在了桌面和吧台上，感觉如同家一般的温馨。

Most 采用了一个新颖的餐饮理念，宣称自己是一家"现代化的日式小吃与寿司餐厅"。其实，这里不仅有许多的小份菜品非常适合作为餐前的开胃菜或是与朋友共饮时的下酒菜，还有各种足以打造出一份盛宴的大份菜肴。这些菜品的选择涉及了从寿司到乌冬面的各种日本菜肴，甚至还触及一些无国界融合菜肴。

菜单左右两面的菜品我们都试吃了。我们的这顿饭始于两道开胃菜：烤鱿鱼和盐水黑胡椒毛豆。当我们不得不等一小会儿才能吃到后续菜品的时候，这样的风味小菜就很好地弥补了这个服务上的小瑕疵。我们还试吃了 Most 的好几种寿司：牛油果金枪鱼卷像是奶油混合了辛辣的海鲜，而牛肉鹅肝卷则是无国界融合菜肴的绝佳范例——日本神户牛肉上细致地涂抹着极薄的一层鹅肝酱。我们试吃团队中不太敢冒险的一位成员对她自己点的加州寿司卷也非常满意，那是一种由蟹肉搭配黄瓜和牛油果做成的基础款寿司。我们还尝了可口又养眼的鳗鱼饭，厚厚的鱼片和烤鳗鱼静静地放置在被塑造成床一般模样的米饭之上，整道菜充满了日式菜肴简单纯净的风味。用一个词语来形容这饭的话，那就是回味无穷。

Most 的午餐服务则是有着更加随意的氛围，因为食客们可以在日光下恣意徜徉。店里还启用了外卖平台，由于外卖服务相对较新，外卖菜单中只有简易寿司、盖饭、沙拉、汤以及毛豆、海带丝之类的传统日式开胃菜。店内轻松雅致的氛围使其成为能够适应各种场合的完美去处。

MOST

地址 / 淮海中路 1712 号
电话 / 6426-0911
营业时间 / 上午 10:00 至晚上 11:00
人均消费 / 130 元

开在港汇中心的
Bang 餐厅

近日，澳大利亚主厨克雷格·威利斯 (Craig Willis) 的 Bang 餐厅及咖啡馆于港汇中心正式开业，扩大了他在徐家汇的个人品牌。在上海，尽管有着众多风格的菜肴供其选择，威利斯仍然坚持贯彻自己的理念——让顾客能够在轻松惬意的环境中享用美好而又纯粹的食物。

Bang 是对威利斯同名餐厅 Mr. Willis 的一种理念拓展。Mr.Willis 餐厅就掩藏在安福路上某栋建筑的顶层，而这条路上还栖居着沃歌斯 (Wagas) 餐饮家族的其他餐厅，包括 Baker & Spice, La Strada 以及 Mi Thai。

自 Mr. Willis 餐厅入沪以来，这位澳大利亚主厨收获了众多欣赏其烹饪风格以及餐厅氛围的仰慕者。开在环贸商场的第一家 Bang 餐厅就曾得到新老顾客的一致好评，并且这些顾客大多数都是本地人。

这次，威利斯选择了港汇中心作为第二家 Bang 餐厅的落脚之处。"我们的菜单在设计之初就体现了'多用途'——客人既可以在咖啡馆点一份快捷意面三明治或是比萨作为午餐，也可以在餐厅选择如牡蛎、海鲜和牛排等更加正式的菜品。我们还为客人准备了一份简短而不失智慧的高品质酒单。"威利斯说。

最让我印象深刻的是时尚的室内装饰——浅绿色的热带风格壁纸、墙壁上充满工业元素的锡制屋顶材料、被用作堂灯的油桶以及随意而雅趣的回收地板。威利斯说这样的主题风格会让他想起童年时牧场的棚屋，但这里不仅有美丽的丹麦椅子，还多了份源自木头的温暖。威利斯希望餐厅里能够洋溢着如同度假般令人愉悦的氛围，让来到这里的人可以从日常工作中抽出身来。和威利斯的其他餐厅一样，这里也是开放式厨房，主厨们准备菜品时忙碌的身影一览无余。

足够宽阔的空间被分成了两块区域：可以享用主食的餐厅区域，以及提供果汁、咖啡与点心的咖啡馆区域。Bang 餐厅的理念是对新鲜的食材与最佳的烹饪技巧的追求。这里的菜单也有着国际品位。热卖的菜品有手工意面、海鲜汤、澳大利亚牛排以及一直被受喜爱的 Mr. Willis 烤鸡翅。为了享用一次简单而又精致的周日早午餐，我先从周末早午餐菜单上点了鸡肉、鳄梨、蘑菇、脆花生 (68 元)，又从正式菜单上点了意大利熏火腿、山羊乳酪、洋蓟意式烤面包 (78 元)。伴着早午餐，我还点了超级食物奶昔"绿色人 (Green Man)"以及用澳大利亚优等拼配咖啡豆烘焙而出的西雅图咖啡。

BANG

地址 / 虹桥路 151-153a 号
电话 / 6447-3808
营业时间 / 上午 7:00 至晚上 11:30
人均消费 / 80 元 (Bang 餐厅)；100 元 (Bang 咖啡馆)

一间高档餐厅，
三种日式选择

极少的日式餐厅有这样的能力，或者说气魄，可以在一家店内一次性提供三种不同的用餐体验。源自东京银座的备受赞誉的日本美食品牌 Ginza Onodera 就是在不同的房间内供应着顶级的铁板烧、天妇罗和无菜单寿司（主厨力荐）三种美食。坐落于外滩 18 号的这家店刚刚举办了入沪一周年的庆祝活动。

不要奢望一次用餐就尝遍所有三种美食。这三种料理分别是由寿司主厨坂上晓史

(Akifumi Sakagami)、铁板烧主厨神辺孝则 (Takanori Kanbe) 及天妇罗主厨石井宏道 (Ishii Hiromichi) 负责制作的。主厨们精选稀有食材，根据传统酒水单制作出最完美的菜品与之搭配。

在最近的一次到访中，我点了一道无菜单寿司（主厨依据店内可用的新鲜鱼类进行制作），然后以一杯日本起泡米酒开启了一次无与伦比的美食之旅。

GINZA ONODERA

地址 / 中山东一路 18 号 3 层
电话 / 6333-9818
营业时间 / 上午 11:30 至
下午 3:00（午市），下午 5:30 至
晚上 11:00（晚市）
人均消费 / 1800 元

这杯米酒在口感和风味上达到了完美的平衡。开篇就尝到如此令人愉悦而又精致的酒水，让人根本停不下来。与此同时，一道精心挑选的前菜被盛放在同样惊艳的日式餐具中呈上了餐桌。我的寿司之旅是从鲑鱼子蒸蛋和一碟精致的生鱼片开始的。这里海鲜的新鲜程度毋庸置疑。随着用餐的推进，口味逐渐加重。主厨更是指导我用手去拿寿司，以确保自己能得到纯正的顶级日本寿司用餐体验。客人一边享用如此佳肴的同时，还能一边欣赏主厨所展示的高超厨艺。

这次美食之旅的精彩之处是烤金枪鱼大脂，它的风味与质感比生的金枪鱼片更加有趣。海胆作为最后一道寿司，显然被受食客们的欢迎。再蘸上一点儿酱油，那种美妙无以言表。这次美妙的体验最终由同样惊艳的日式甜点——抹茶奶冻画上了句号。除了精致的美食，这里还有着专业而友好的工作人员为你提供无可挑剔的服务。鉴于这里的高端定位，Ginza Onodera 并不是寻常的用餐场所。可如果你想给客户留下深刻印象或是庆祝一些有特殊意义的活动，这里一定会为你提供一次绝妙的体验。

陆家嘴中心地带的美味
南洋菜

近日，新加坡乐天餐饮集团于亚洲最高建筑上海中心大厦中揭晓了全新的旗下餐饮品牌：乐忻经典。这是其继乐天皇朝之后的又一子品牌，而乐天皇朝又以其八种国际口味的传奇小笼包而声名在外。

这次的新品牌致力于南洋风味的中国菜，其中一些经典美食来自于东南亚的华人社区。在20世纪20年代，他们重新创造出属于他们自己的中国菜。由此，一种独特的、有时甚至会更具风味的菜系，即现在为人们所熟知的南洋中国菜应运而生。基于各类推荐，我选择了大有人气的原盅炖土鸡汤以及乐新营三彩（腌渍

的圣女果、番石榴和南瓜）作为开胃菜。这盅鸡汤的确是名副其实的受大众喜爱的菜品。熬制了好几个小时之后的汤液当是如此的美味。自制酱料腌制后的圣女果、番石榴和南瓜经由话梅、冰糖和果醋调味混合在一起，成了一道绝妙的前菜。在吃完这道清新提神、酸甜相间而又爽嫩脆口的前菜拼盘之后，我对后面的菜品就更加期待了。

我还点了同样口味极佳的咖啡脆鸡——鲜嫩多汁的炸鸡翅散发着淡淡的咖啡芳香。如果你喜欢酥脆的口感，不妨选择酥炸鱼干，浇在上面的甜辣酱在平衡着甜味与辣味的同时也维持着鱼干酥脆的口感。这可是一道耗费了数年时间才得以完善的大有人气的南洋风味前菜。

当我在菜单上看到酥炸明虾配盐渍蛋黄的时候，心情是无比激动的。因为这是我每次去新加坡旅游时必点的一道菜。那里的华人都很喜欢用盐渍蛋黄烧制各种菜肴。这道盐渍蛋黄菜品也没有让我失望，烹饪得恰到好处。这里其他的特色菜品还包括苦瓜排骨、星洲酱蒸千岛湖大鱼头、古早鱼香老鼠粉煲以及点心三色桂花斑斓膏。乐忻经典将诸如咖喱、虾酱、香兰之类的东南亚调味品与常见的中国菜食材搭配在一起，造就的却是这般无与伦比的美味。

乐忻经典

地址 / 银城中路 501 号上海中心大厦 B2-3
电话 / 5830-8386
营业时间 / 上午 11:00 至晚上 10:00
人均消费 / 120 元

供应特色亚洲菜的
镜花水月

镜花水月

地址 / 太仓路 181 弄,
新天地 19 号
电话 / 5351-0116
营业时间 / 上午 11:00
至下午 2:00
人均消费 / 300 元

镜花水月 (Cobra Lily) 是新天地里新近开业的一家有着强烈女性主义色彩的餐厅。它是名主厨李女士最新创办的一家餐厅,她的名下还有着 Liquid Laundry, Boxing Cat Brewery 以及 Sproutworks 等餐厅。这一次,她希望将镜花水月打造成一家神秘而充满诱惑力、自由自在却又有点冒险的餐厅。

正如鸡尾酒单上印着的对这家店的描述:"她在亚洲夏日曼谷的街边手执折扇,在六本木漫步,在北京胡同轻酌酒鸡尾酒,在台北夜市寻奇,在槟城品尝街边小吃,在德里月光市集搭乘人力车,最终消失在首尔夜店里。"

周围石库门巷弄建筑风格的装饰元素和现代家具混合在一起。"镜花水月会让你有一种错觉,以为自己还在弄堂里面,实际上你已经进入了这个隐秘的地方。我们想要突出屋顶的天窗,所以我们决定打造一个悬在吧台上空的DJ台。

我们所创办的镜花水月可能与当下亚洲菜餐厅的发展趋势并不相符,却是对餐厅所在的新天地的一种尊重。"李女士说。

我在镜花水月的这个夜晚是从吧台区的一杯亚洲风味鸡尾酒——东京月光——开始的。这是一杯相当女性主义的鸡尾酒,由亨利爵士金酒、青柠叶浸泡添加金酒、蜜多丽利口酒、蛋清以及抹茶风味糖油调制而成。其他的招牌鸡尾酒同样富有创意,具有女性气质。

餐厅的菜单,正如李女士所强调的那样,不局限于任何一种文化或者流派。她在不断尝试着新的食材搭配,同时又坚持传统的备料方法以及菜品风味。"我们这里的一些明星菜品,比如有滨地酸橘汁腌鱼的烩饭和胡椒辣龙虾佐鹅肝酱,很好地展示了我们是如何将传统菜肴变得时尚又现代,而且我们还使用了不同的食材或装饰让菜肴变得更加有趣。"李女士说。

所有菜品中最受欢迎的是 Bang Bang Banh Cuon——越南肠粉配云南野生鸡油菌牛肝菌、黑蘑菇、猪肉馅以及油炸的大葱和香草,还有用块菌烹调的鱼露作为蘸料。那是一道非常有创意的菜,通过加入一种朴实的口味将原本过于简单的越南米饺提升到了一种更加精致的层次。菌类独特的香味会让你不能自拔地大快朵颐。

拥有致胜海鲜菜单的 Hooked

引领上海餐饮风貌潮流的诸多品牌正不断向巨鹿路 158 坊转移过去，并在这里创办了一个又一个全新的酷炫品牌。这其中就包括 Camel Group 旗下的品牌 Hooked。其负责开发菜单的主厨哈尔蒂普·索莫尔 (Hardeep Somal) 曾声称："我们这里有着全上海最好的英国炸鱼薯条。"这句话毋庸置疑。因为出生于伦敦的 Somal 深知如何做出正宗的英国美食。

"我们的主厨索莫尔来自于英国，那里是炸鱼薯条的发源地。这家店的其他业主还有我自己都是澳大利亚人海鲜也是我们的主要食材之一。我们所创办的上一家店 Bull & Claw 是以牛排和龙虾为主，这次的 Hooked 则是主推新鲜海味，包括鱼生沙拉、正宗的英国炸鱼薯条以及其他时尚的海鲜菜品，当然这里还配有热带鸡尾酒和手工精酿啤酒。"上海壹澳叁商业有限公司 (The Camel Hospitality Group) 总经理奥德·皮尔森(Odd Pearson)这样说道。餐厅的内部共有 54 个席位，整体都是热带沙滩的装饰风格。淡蓝色和白色的主色调营造出了明亮而欢快的氛围。

最近的一次到访中，我在吧台点了招牌鸡尾酒B&C Club 作为这次体验的开始。炸鱼薯条是一定要尝的，但是我却被要求"必须"点用啤酒面裹炸的黑线鳕鱼。"我希望能让你吃到最正宗的英国炸鱼薯条。"索莫尔说。鱼和薯条被处理得恰到好处，可谓非常完美。为了增加炸鱼的口味，亨氏麦芽醋还有盐也被一并送了上来。这里的炸鱼薯条有四种不同的鱼类可选：黑线鳕鱼、冰岛鳕鱼、大比目鱼以及三文鱼，并且还有啤酒面裹烤、面包碎裹炸以及扒烤三种不同处理方式供你选择。

"我们也很喜爱鱼生沙拉，但遗憾地发现在上海并没有正式的餐厅供应这道菜。只有酒吧或是很小的外卖店在为人们提供炸鱼薯条和鱼生沙拉，所以我们带来了这两道我们最喜爱的菜品，并把它们加入正式餐厅的菜单之中。我们喜欢用新鲜的食材，所以我们这里都是用每天从加拿大空运来的鲜活龙虾、从新西兰运来的绿唇贻贝以及在上海能找到的最好的鱼类食材。"皮尔森说。Hooked 的推荐菜品包括鱼生沙拉、英国炸鱼薯条以及周末早午餐菜单上的龙虾班尼迪克蛋。

HOOKED

地址 / 巨鹿路 158 号 B1 层
电话 / 6333-2198
营业时间 / 上午 11:00 至晚上 12:00
人均消费 / 150 元

供应美食美酒的
Lil' Laundry 餐吧

上海商城里 Lil' Laundry 的开业使这片在午间时刻商业人士云集的区域在落日后焕发了的勃勃生机。Lil' Laundry 的老板李女士说："我们之所以选择在上海商城开办这家店，是因为在静安区我们有着庞大的顾客群体，却没有一家店来满足他们的需求。"

Lil' Laundry 有着和它的前辈餐厅们一样的氛围，却提供了与食客更多亲密接触的机会。它接手了先前是 Parisian 巴黎茶室和 Angelina 法式蛋糕店的那片区域。吧台被安置在开放式厨房的前面。铺有木质地板的用餐区域里充满了工业元素的装饰以及现代简约的家具。在这里，你可以匆匆而来畅饮一杯就走，也可以静静坐下直到尝遍菜单上的美食；可以用一份简餐打发午间的时光，也可以在欢快的氛围中度过一个美妙的夜晚。"我们相信这里将会成为一个绝妙的美食场所，因为我们已经决定将这里宽阔的露台打造成一片户外草坪——有货柜吧台、懒人沙发以及户外 DJ 设备。我们期待着在阳光明媚的夏日里能够和大家一起在那样的草坪上推杯换盏把酒言欢。"李女士说道。

这里供应着和 Liquid Laundry 餐吧一样绝妙的精酿啤酒和鸡尾酒，倒是食物菜单稍稍有些不同。按照李女士的介绍来说："为了让这里变得独一无二，我们更新了早午餐的菜单，对一些菜品做出了改变。我们这里有自己的烟熏室，所以我们将供应更多以肉食为主的现代烟熏食物，也更新了海鲜类食物的选择，其中十二个一份的新鲜进口牡蛎以及科德角海鲜桶最受欢迎。"在最近的一次到访中，我点了熏兔肉配陶罐野生蘑菇酱 (98 元) 以及西班牙香肠滑块 (88 元) 作为用餐的开始。这两道菜品都很可口。蘑菇酱淡淡的朴实烟熏风味，在热吐司上质地柔嫩爽滑，非常的美味。而滑块的每一口都能引爆味蕾。这些特色汉堡包是由牛肉香肠混合压碎的鳄梨、洋葱和萨尔萨辣酱制作而成的。

在周五周六的晚上，Lil' Laundry 还会供应特制的周末顶级烤牛肋排。由于我是工作日来的这里，所以我点的是路易斯安娜烤胸板肉 (178 元)，分量足够两个人一起分享。这道菜里的猪前胸肉是在用香辛料腌渍后慢慢熏制而成的，而浓香的美国南部烧烤酱更是为其平添了另一层风味。盘中摆放精致的烤甜玉米也绝对是无比的美味。

LIL' LAUNDRY

地址 / 南京西路 1376 号上海商城 120
电话 / 6289-8201
营业时间 / 上午 11:00 至晚上 12:00（周日至周四），
上午 11:00 至清晨 2:00（周五、周六），
上午 11:00 至下午 3:00（周末早午餐）
人均消费 / 200 元

喵鲜鲜带你尝试
美味牛蛙

对于很多在中国的外籍人士而言, 吃牛蛙似乎是只有在野外生存节目《荒野求生》中才会出现的情节。其实, 只要你敢吃上一口, 就会发现牛蛙这个看上去不太有吸引力的两栖动物也可以被烹调得十分美味。

如果你想尝试一下的话, 喵鲜鲜是一个不错的选择。它是一家位于漕河泾经济开发区的本地餐馆。隐藏在开发区里某栋建筑二楼的这家店有着非常吸引人的轻松愉悦的用餐氛围。店内的主体用餐空间十分宽敞, 其中一侧还有着一块单独隔开的区域。你会发现这里的靠垫、筷枕还有可爱的玩偶全都是讨人喜欢的猫咪形状。

这家店的招牌煲主要是用肉蟹、牛蛙和鱼制作的。根据不同的烹饪方式, 同一道菜还有更多的变化, 比如干锅、烧烤、汤锅。除了可以按分量选择之外 (大多数的煲都是中份 98 元, 大份 138 元) , 客人还可以依照他们所希望的辣度来选择, 包括微辣、中辣和重辣。

香锅牛蛙是喵鲜鲜人气最旺的菜品之一。大块的牛蛙肉在下锅之前已经被炸到酥脆, 然后和土豆片、莲藕、莴笋等蔬菜以及炸年糕和花生一起下锅翻炒, 最后再放在干锅里呈上。有着酥脆外皮的牛蛙肉尝起来非常鲜嫩, 同时又很有嚼劲。轻轻一咬, 牛蛙的肉就从骨头上脱离了下来。这家店的微辣已经足以让你舌头发麻。如果你不确定自己能承受什么样的辣度, 那么第一次来这里不妨就选择辣度最低的微辣吧。

喵鲜鲜

地址 / 田林路 124-1 号 2 层
电话 / 3367-5220
营业时间 / 上午 10:30 至下午 2:00，下午 4:30 至晚上 12:00
人均消费 / 80 元

在菜单的底部还有一些附加食材，包括牛蛙、肉蟹、花蛤、鲜虾，还有各种蔬菜和面条。口感爽脆的蔬菜是很好的选择，可以和鲜嫩的牛蛙肉形成鲜明的对比。这些附加食材都在菜单上标明了分量和价格。如果你不喜欢煲里面的某样菜，可以询问服务员能否换成其他菜。

在喵鲜鲜里非煲类的菜品非常少，尽管他们也供应一些不错的凉菜，但大多是你在川菜馆里经常看到的那种，酸辣黑木耳就是典型的例子。

不过你会发现这里的酸辣黑木耳的麻辣味要比酸味更重。然而，一旦你点的主菜煲上来了，你会一下子觉得这道酸辣黑木耳也没那么辣了。

除了传统的饮品以外，喵鲜鲜还供应一些特色的季节性酒水，比如热饮黑糖姜茶和香醇米汤（28 元一扎或 12 元一杯）。强烈推荐竹蔗马蹄汁之类的甜冷饮为你火辣辣的唇舌败一败火。外国友人们，如果你觉得吃牛蛙太有挑战性了，不妨选一些中国的冬日特饮作为搭配吧。

匠心独运的跨文化美食

香港名主厨梁经伦 (Alvin leung) 对上海外滩关注已久。自称"魔厨"的梁经伦没有接受过任何正式的厨艺培训，是极少数能摘得米其林三星称号的自学成才的主厨之一。他在香港创办的米其林三星级餐厅 Bo Innovation 凭借其"极致中式 (X-treme Chinese)"的菜肴而名声在外，在那里他用现代的技巧与风味对有着几百年历史的传统菜肴和配方进行现代化的再创作。魔厨馆的设计灵感来自于当年黑社会横行的九龙城寨，内部的涂鸦和霓虹灯就是在效仿这个曾经臭名昭著的三不管地带。尽管这样的装饰风格并不是所有人都会喜欢，但是这里的菜肴却充满了极具的创意。在保留旧时香港餐厅理念的同时，梁主厨在菜单里还融入了东南亚的风味以及西方美食的特点，使其变得更加国际化。

这里有许多精心制作的点心和小碟菜肴供你选择，当然也不会少了各种主菜可以让你和朋友一同分享。点心的那页菜单让人印象深刻，上面的名称都是传统的中式点心，搭配的却是令人意想不到的馅料。比如小笼包就提供了三种跨越不同文化的独具一格的馅料选择：川味羊肉、泰式冬阴鸡和辣椒蟹。我选择的是辣椒蟹小笼包 (38 元 /3 粒)，而它也没让我失望，甜味和辣味之间有着很好的平衡，是对这道新加坡最受欢迎的点心的一种别出心裁的创新诠释。我还尝试了这里的鹅肝梅菜锅贴 (58 元 /3 粒)，味道与口感同样无可挑剔。

小碟菜单上的酸腌黄狮鱼则是对著名的秘鲁主食的一种全新呈现。梁主厨在这道菜里面加入了锅巴，可谓是前所未有的做法。酥脆的锅巴和鲜嫩的鱼肉在口感上形成了鲜明的对比。整道菜的口味也比传统配方做出的更重一些。

烤原只小樱桃鸭 (168 元) 是这里最有人气的主菜了。它有着金黄酥脆的外皮，中间是薄薄的一层油脂，里面的鸭肉则是无比柔嫩。用来卷鸭肉和黄瓜韭葱的是传统北京烤鸭的面皮，再搭配上广东海鲜酱，别有一番滋味。这里每道菜的分量都足够 2~3 个人一起分享。

魔厨馆

地址 / 中山东一路 5 号 6 层
电话 / 5383-2031
营业时间 下午 6:00 至晚上 12:00（周日至周四），下午 6:00 至清晨 2:00（周五、周六）
人均消费 / 300 元

融合亚洲小吃与葡萄酒理念的 Jiang 餐厅

如果你想要在武康路、湖南路与兴国路附近找到一家同时有着美味小吃和精致葡萄酒的隐秘场所，那就只有 Jiang 餐厅了。

Jiang 是吴女士创办的一个全新品牌，她就是那个富有创新思想的 Ginger by the Park 餐厅创始人。"我们这里有着可以俯瞰对面花园的三层空间，我希望将它们都尽可能地利用起来，为我的客人提供不同的用餐体验。一层空间在重新改造之后，每天自下午 5 点开始供应

葡萄酒和亚洲小吃。上面的两层空间则依旧保持着先前菜单上的菜肴。"吴女士说。

Ginger by the Park 餐厅供应着一些全上海最好的亚洲菜，而 Jiang 餐厅则是以更现代的方式将亚洲产的香辛料融入这些菜肴中去。吴女士已经利用当地一些美味而又均衡的食材创造出了几道全新小吃。烛光酒廊给你一种轻松惬意的氛围，让你不禁想去点一杯酒，同时这里大胆的艺术品、吧台上方光滑的墙面上

的镜子，以及吴女士环游世界时找到的充满异域风情的装饰品，都在不断吸引着你的视线。吴女士所开发出的那几道小吃都极具创意，风味十足，是葡萄酒的完美搭档。

店家极力推荐薄饼配芫荽叶、番茄与牛油果蘸酱作为第一道菜，如果再搭配上一杯起泡酒，那可是开启一次夜晚之旅的绝妙搭配。直到 11 月底，Jiang 餐厅会和 Root Cellar Natural Wines 公司合作推出促销酒水。

亚洲香草油慢烤章鱼是地中海海鲜主食与亚洲异域香料的完美融合。有着独特芳香的亚洲香草油很好地激发出了章鱼的原始风味。

来自于新加坡的吴女士非常喜爱四川的菜肴和香辛料。小吃菜单上就有不少她开发的川味小吃，比如青椒鸡块、川味香肠以及辣椒芝麻牛肉粒等等。青椒鸡块散发着芳香的胡椒味道，那温柔的麻辣感会一直逗留在你的舌尖。还有两种比萨小饼也是必点的，它们分别是叻沙酱配毛豆、罗勒叶，以及马来西亚咖喱鸡。这里的酒侍能够为不同的小吃推荐最完美的葡萄酒作为搭配。

JIANG

地址 / 兴国路 91 号
电话 / 3406-0599
营业时间 / 下午 5:00 开始
人均消费 / 150 元

供应新鲜应季美食的 The Barn

随着众多时尚品牌和全新商铺的入驻与开业，新天地近来呈现出了一片日新月异的繁荣景象。Green & Safe 品牌的新天地分店 The Barn 就是其中一家让人印象深刻的新店。东平路上营业多年的 Green & Safe 分店已经被成功打造成了一家既可以享用健康美味的菜肴又可以买到新鲜的有机食品的休闲餐厅。

这家餐厅有着三层空间，里面宽敞的用餐区域供应着"农场到餐桌"的食品与饮品。餐厅的菜单是时令应季的，菜肴与农场新鲜的食材相平衡。我最喜欢这里的沙拉柜台，它供应着各式各样的沙拉，其中有一些是全上海最美味的。大多数的沙拉里都加入了肉类或鱼类的食材，使得它们比单纯的蔬菜沙拉口味更好。

他们还将沙拉分为时令精选与全年经典两大类。选择三份沙拉的组合套餐 (88 元) 可以使你享用一餐精致而健康的美食。他们特供沙拉包括豆腐海带沙拉佐香浓芝麻酱、无花果时蔬有机沙拉以及无花果北非小米沙拉。我还很喜欢这里的华尔道夫鸡肉沙拉，里面混合了苹果、葡萄、西芹以及胡桃，再淋上一层薄薄的蛋黄酱与酸奶，十分的诱人。土豆被烤得恰到好处，加上烤得酥脆的培根就更好吃了。我几次造访这家餐厅品尝不同的菜肴，既品尝了三明治与汉堡包、意大利面与手工比萨之类的简易菜品，也享用了牡蛎、木火烤牛排 (澳洲安格斯牛与澳洲和牛) 等正餐美食。

这家餐厅极力推荐由来自亚洲排名前 50 的 Bolan 餐厅的一流主厨们所制作的全新菜品，包括 Bolan 特制泰式香草牛腱汤、Bolan 特制泰式红咖喱鸡肉饭以及 Bolan 特制泰式香料烤鸡。作为一个创意鸡尾酒调酒师，Flask 与这家餐厅合作，创建了 The Bunker 酒吧。他们可以利用当季的优质有机食材调制出"新鲜"而美味的鸡尾酒。这些有趣的创意鸡尾酒中就包括 Carrot Cake Conquest，它的灵感来自于 Green & Safe 一款大有人气的蛋糕。Sour Force 是一款由两种不同酸度的醋调制而成的鸡尾酒，其中的菊花香味使两者达到完美的平衡。

THE BARN

地址 / 太仓路 181 弄 22 号
电话 / 6386-0140
营业时间 / 上午 11:00 至清晨 1:00
人均消费 / 150 元

"洋泾浜"变革者转向
投资比萨店

洋泾浜

地址 / 巨鹿路 158 号
电话 / 5309-9332
营业时间 / 上午 11:00 至
晚上 12:00（周日至周四），
上午 11:00 至清晨 2:00
（周五、周六）
人均消费 / 50 元

在上海有着自己的"洋泾浜"餐厅（非正宗中国菜）的纳达尼尔·亚历山大（Nathaniel Alexander）凭借其自创的中国菜肴举办了多次宣传活动从而为大众所熟知。但是最近他决定朝着另一个方向发展：创办一家主打切片比萨的街区比萨店。

"我一直都很喜欢吃比萨，可是在上海让我满意的比萨店并不多，所以我就开始了自己的比萨制作之旅。在去年9月份以前我从来没有自己做过比萨，所以那也是一段令人沉醉却又十分曲折的快速成长之旅。"亚历山大说。这家店主打纽约风味的比萨。在纽约，人们能轻易地买到一块比萨，比萨店就像国内的包子铺一样随处可见。墙上图形装饰的灵感来自于纽约的地铁系统，让你在一种十分轻松的氛围中，方便快捷地享用你的比萨。

纽约风味比萨使用的是高筋面粉，制作时主要是从底部加热，与其他种类的比萨相比加热时的温度更低时间也更长。而那不勒斯比萨是在弧形烤炉中以更高的温度进行全方位加热制作而成的。通常切片卖的纽约风味比萨大小为 14 寸，而这里所供应的比萨饼直径足有 15 寸。"在制作比萨时我关注的焦点是下面的饼坯——它对我而言是最重要的部分。我们所做的一切都是为了最大限度地发挥出面团的风味。制作面团时我们使用了酸面团起子，还加入了极少的酵母，然后将面团放在非常低的温度下让其自然发酵至少 48 小时。"亚历山大说。你可以从展示板上选择不同的比萨浇头，有一些配料非常传统（奶酪、意大利辣香肠），也有一些很有新意，但它们都是非常美味的搭配。

据亚历山大说，店里的贝贝罗尼比萨（25 元／片）是最畅销的一款，有着洋泾浜自制茴香香肠、意大利辣香肠和洋葱的肉比萨（30 元／片）也很受欢迎。我在这家店尝了好几种比萨，其中配料为大蒜、意大利乳清干酪和马苏里拉奶酪的白比萨是我的最爱。

由于比萨的价格都在 20~30 元之间，十分合理，所以这里的客人不仅有本地人还有外国朋友。洋泾浜还与食派士送餐快递合作，通过他们派送 12 寸比萨。

Sabor 带给你一次惊艳的
美食之旅

出生于马德里的米其林星级主厨狄尔梗·加列罗 (Diego Guerrero) 在上海创办了一家非常时尚而又正宗的餐厅，它的名字就是 Sabor。这里的厨师团队会带给你一次无与伦比的夜间美食之旅。这家餐厅坐落于外滩旁一幢充满艺术气息的建筑之中，一进门就会有服务生上前亲切问候并引导你走向餐桌。餐厅内部是复古风格的装饰，再加上很有艺术感的灯光，为接下来的美酒与美食营造了非常完美的氛围。

这家餐厅没有单点菜单，你只能从套餐菜单中做出选择，包括 9 道菜套餐 (400 元)、10 道菜套餐 (500 元) 和 11 道菜套餐 (600 元)。每

一份套餐都是一次惊艳之旅，你将在西班牙与中国的专业主厨们的引领下跟随一道道菜品度过一次此起彼伏的极致美食体验。

加列罗是在马德里 El Club Allard 餐厅工作时获得的米其林二星级厨师荣誉，之后他又创办了属于自己的独一无二的 Dstage 餐厅，这家餐厅凭借其前卫的创造力而名声在外。其创意是由墨西哥、西班牙、秘鲁、日本等不同国家的不同菜肴风味相互结合而产生的。加列罗将他的理念也带到了 Sabor 餐厅，那就是保留食物的天然香味。Sabor 餐厅只选用当下市场中最新鲜的食材，所以这里的菜

单也会经常更新。这家餐厅的厨房每周都会推出全新的菜品。

曾在 Dstage 餐厅与加列罗一起共事的贡扎罗·萨兹·加尔查 (Gonzalo Sainz Garcia) 也搬到了上海做了 Sabor 餐厅后厨主管。"说到烹饪技巧或者口味的话，其实我们并无章法。我们都是随心所欲地制作出各种食物的风味，"

SABOR

地址 / 四川中路 33 号 1 层
电话 / 6333-3591
营业时间 / 上午 11:30 至下午 2:30，
下午 6:30 至晚上 10:00（周日至周三），
下午 6:30 至清晨 2:00（周四至周日）
人均消费 / 500 元

他说，"我们希望来到这里的客人能有一次与众不同的用餐体验。我们希望客人们能从中找到乐趣，当他们尝到有着西班牙、中国、日本、泰国、墨西哥和韩国等不同国家风味的美食的时候。"主厨贡扎罗在向我致意之后特意询问了我对葡萄酒的偏好以及当晚我所希望的食物分量。其中有一道是泰式麻糬。只要尝一口你就可以理解蕴含在里面的厨艺魔法——日式点心和泰国香味的完美结合。另一道十分惊艳的菜品是 Sabor 版本的传统中国美食——北京烤鸭。他们将烤鸭片、鹅肝酱、海鲜酱搭配在一起做成千层饼的形状，最后在顶部装点上一小勺鱼子酱。我在这里吃到的所有菜肴都非常完美。

迈克尔·温德灵的熟食店
为你带来明星三明治

Seveur 是主厨迈克尔·温德灵(Michael Wendling)最新创办的一家休闲熟食店。它坐落于南京西路上繁华购物中心恒隆广场之中,仅有 20 个座位的内部空间里有着古铜色的装饰和一些木制品,悠闲的氛围同他创办的第一家餐厅 Cuivre 别无二致。菜单上是各种三明治、沙拉以及点心。我最近的一次造访是在某个工作日的午间时分,却发现店内食客寥寥,显然附近的上班族们更倾向于选择这里的外卖服务。

这家店的午间套餐(58 元)包括半个三明治、一小份蔬菜沙拉以及一杯软饮(《上海日报》强烈推荐美味的自制柠檬水),对于上班族来说可谓十分超值。据主厨说，这里最受欢迎的三明治包括 El Cubano (68 元)，一种由蜂蜜烤猪肉、瑞士干酪、腌菜和黄芥末搭配古巴面包片做成的古巴风味三明治；非吃不可牛肉 (78 元)，由烤腌制牛肉、布利干酪、烤蘑菇、蒜泥蛋黄酱和高达奶酪做成；还有经典的法式三明治 (68 元)，由慢烤火腿、埃曼塔奶酪和酸面包做成。

除了三明治，这里还供应各种亚洲美食，比如泰式烤鸡肉串佐鸡蛋面 (58 元)，再搭配上切成薄片的蔬菜，非常美味，只是一同呈上的烤肉酱有点太甜，多少破坏了一些味道。毕竟，温德灵还是很了解东南亚菜肴的，他创办的 T for Thai 餐厅就是很好的证明。自制的越南肠粉配清蒸龙虾是不错的选择，只是吃到最后会稍显乏味。

这里的甜点不时提醒着人们温德灵原本就是法国人，尽管种类并不多，但都制作得十分精致，比如甜味恰到好处的水蜜桃挞 (28 元) 就非常完美。这里还供应下午茶套餐 (598 元)，包括一瓶蒙蒂香槟和一些精选的甜点与开胃小吃，可以一桌人一起分享。

SEVEUR

地址 / 南京西路 1266 号 306B
电话 / 6288-7308
营业时间 / 上午 10:00 至晚上 10:00
人均消费 / 60 元

灵魂乐的理念
将 Shake 带上极致高度

继成功创办了位于兴国路与泰安路交叉口上的爵士乐酒吧 Heyday 之后，布莱恩·迈克伊 (Brian McKay) 与萨利·戴 (Sally Dai) 再一次为他们的美食搭配现场音乐的理念增添了一种全新的音乐风格：灵魂乐。

"之所以创办 Shake 是因为我们觉得上海这座城市需要一个地方让人们关注灵魂乐。灵魂乐是一种可以让你跟着舞动身体的十分欢快而又富于感染力的音乐形式。而我就是希望打

造出一个地方让人们可以在顶级的环境中切实感受这种音乐。"创办者之一的迈克伊这样说，也正是他从 20 世纪 60 年代中期美国酒吧的风格和情怀得到了创办这家新店的灵感。

如果说在 Heyday，你可以和朋友一起悠闲地坐下，小酌一杯的同时还能观看表演，那么 Shake 的最大亮点之一就是里面的舞池了。这里的室内设计是迈克伊与著名设计事务所 Kokaistudios 合作，由设计师安德里亚·戴斯

戴伐尼斯 (Andrea Destefanis) 全力打造完成的。"我们希望创造出一个如同 20 世纪 60 年代曼哈顿超级酒吧一般的氛围，置身其中时会感觉自己仿佛进入了美国年代剧《广告狂人》的情节之中。我觉得 Andrea 和他团体很好地抓住了这一点。我很喜欢这种感觉，进门之后就如同回到了往日的时光。"迈克伊说。

大理石吧台是这片空间里的焦点，客人坐在这里推杯换盏的同时还可以很好地欣赏舞台上的表演。从舞台后面开始一直延伸至吧台的金色流线形灯带会让你想起 Heyday 的内部装饰，但又不会感觉雷同。

Shake 给你的感觉不仅仅是致胜的理念和设计，尽管其中大多数的菜品都是由十分简单的食材制作而成的，但最后呈现出来的结果却不只是简单的食材组合。这些菜品都适合与他人一起分享。我以这里的泰式牛肉刺身作为这次美食之旅的开始。这道菜将传统的意大利生牛肉片与泰国风味相结合，牛肉片无比地鲜嫩美味。蜂蜜起司豆腐配法棍面包 (60 元) 同样也很惊艳。微咸的奶酪有着丰富的黄油质

感，涂在烤热的面包片上无比美味。菲律宾脆皮猪脚 (138 元) 当之无愧是热菜中的头牌。看到这里有我最爱的菲律宾美食，我是非常兴奋的，而主厨同样也在这道菜中展示了她的精湛厨艺。

这里的鸡尾酒都是由顶级调酒师科林·泰德 (Colin Tait) 精心调制，他前不久作为吧台领班的 Vesper Bangkok 酒吧就曾获得过由"亚洲 50 强"评定的亚洲最好酒吧第 17 位以及泰国最好酒吧称号。鸡尾酒都是围绕 Shake20 世纪 60 年代的纽约及灵魂乐的主题调制的，因此它们的名字也很有当时的特色，比如灵魂乐教父、牧师之子以及阿波罗等等。我选择了阿波罗和复活两款鸡尾酒作为美食的搭配，不出我所料，它们也都非常好。每周四到周六，Shake 还有上海顶级的灵魂乐歌手在这里献上精彩的现场表演。

SHAKE

地址 / 茂名南路 46 号 3 层
电话 / 6230-7175
营业时间 / 下午 6:00 至清晨 2:00 (周三至周日)
人均消费 / 250 元

如珍宝一般的
Muscle Man 餐馆

和其他新兴餐饮品牌一起挤在地下层中,对于这个犹如珍宝的餐厅而言,入驻新天地里某家新开业的购物中心不是一个很明智的选择。有着极简主义设计风格的 Muscle Man 是一家小巧明亮而又井然有序的餐馆,内部只有一个长吧台和六张沿墙排列的桌子。似乎这家小餐馆也没有必要安置高档家具或者特色装饰。这家餐馆最重要的是各种美味的鳗鱼菜肴,其他的一切都是以鳗鱼为中心。

不要让这家店的名字蒙蔽了你,"man"在这里指的是鳗鱼。鳗这个字的中文发音和英文单词"man"的发音极其类似。

尽管这家店的理念源自于专业烹饪鳗鱼菜肴的传统日本鳗鱼餐厅,但是这里也创造了很多全新的极具创意的鳗鱼吃法。比如,油炸鳗鱼就是从英国最有人气的外卖食品炸鱼薯条那里汲取的灵感,而半烤鳗鱼则是用无比柔嫩的鳗鱼肉代替了通常会用的生牛肉或者金枪鱼。

鳗鱼的肉有一种与众不同却又十分醇净的风味,吃起来很简单。Muscle Man 与中国南方一家经常向日本市场出口鳗鱼的鳗鱼供应商达成了合作。为了尽可能呈现出鳗鱼最好的风味和口感,他们在挑选鳗鱼时非常严格,只选用饲养不满一年、单条重量大约 250 克的鳗鱼。

最传统的日式烤鳗鱼味道尤其鲜美。这道菜完全没有鱼的香味,但却有着肉的质感。这里的鳗鱼酱是他们自己通过十分复杂的方式利用各种原料制作而成的, 原料包括大豆、糖、米酒以及鳗鱼的鱼骨和鱼头。日式烤鳗鱼之所以备受赞誉不仅是因为它风味独特, 还因为传说吃鳗鱼可以补充体力。

招牌烤鳗鱼饭套餐 (The Unagi Don) 是这家餐馆的必点菜品, 真正的美味佳肴。柔嫩可口的鳗鱼是腌制过后再烤的, 鳗鱼汁和米饭混合在一起造就了魔幻般的搭配。这个套餐里还有配套的小菜和汤。对于偏好美味饭食的人而言, 这里的鳗鱼盖饭和鳗鱼溏心蛋盖饭是不错的选择。然而, 尽管米饭增加口感, 但鳗鱼还是这两道菜品的亮点。

Muscle Man 还供应其他一些美味的点心, 它们都是用经典的日式烹饪方式制作而成的, 很有特色。这么小巧的餐厅却有着如此多的选择, 足以把你宠坏了。虽然这里酒单上的选择并不多, 但是它的诚意和高品质完全弥补了这个瑕疵。你可以在上面找到一些日本顶级的米酒, 比如使用传统的"清酒仕込"技艺手工制作的大町纯米大吟酿。经验丰富的酿酒师能够使每粒米的风味和精华都融入这瓶奢华而雅致的米酒之中。

MUSCLE MAN

地址 / 湖滨路 168 号 B2 层 W09A

电话 / 6323-2703

营业时间 / 上午 11:00 至下午 2:00, 下午 5:00 至晚上 9:00

人均消费 / 100 元

联手打造正宗墨西哥美味的
餐厅与酒吧

如果你是在白天的时候来到了位于建国路上的 La Coyota，那么你只能站着用餐或着选择打包带走。不过到了晚上，你就可以直奔其隔壁的 Pocho 社交俱乐部——一家三层的墨西哥主题酒吧，La Coyota 会将你点的美食直接送到你的桌上。正是这种美酒配美食的"致命"组合使得上海对于墨西哥美食的要求变得越来越高，对于那些墨西哥风味餐厅和他们的顾客而言都是如此。

从烤芝士玉米片或者是这里美味的柑橘鳄梨酱开始尝起，然后再点两份达克卷饼 (Taco) 以及一份墨西哥卷饼 (Burrito) 或者克萨迪亚卷饼 (Quesadilla)，这些卷饼都配有红色萨尔萨辣酱。你也可以选择不同的馅料，包括鸡肉、牛肉、蔬菜和酱猪肉。其中，酱猪肉是最受欢迎的馅料，这种十分美味的切丝猪肉有着非常正宗的墨西哥口味。你还可以点一杯奥治

达甜米水——一种用米制成的西班牙饮料，就着它来享用美食。

如果你更想在各种美酒中恣意徜徉，那就来隔壁的 Pocho 吧。Pocho 酒吧是墨西哥裔美国人杰克·佩纳 (Jake Pena) 创办的。无论如何，这家酒吧供应的都是经典的墨西哥酒水，包括刺激的 Pamonas，杯沿蘸盐的玛格丽塔，以及所有你能想到的龙舌兰鸡尾酒——全部都使用 100%龙舌兰制成的龙舌兰酒。这里琳琅满目的酒水单上还有一些更独特的饮品，比如，用蓝莓果酱制成的甜饮料 Dicky Birdie 以及用洋红色木槿糖浆制成的牙买加莫吉托。当然，Pocho 也供应各种啤酒。你甚至可以喝到同时加入了龙舌兰和啤酒的 Chavela。这一种融合了墨西哥烈酒的多塞瑰啤酒 (有淡啤酒和琥珀色两种选择) 是装在精致的高脚杯中呈上来的，杯子下面还有一张红色柔软的杯垫。他们的许多鸡尾酒，包括 Coco Loco 在内，在调制过程中都加入了自己酿造的椰子朗姆酒。想想看马利宝椰汁力娇酒，可是要比它的味道更好。最重要的是，佩纳正在不断开发全新的鸡尾酒。上一次我来到这里时，他递给我一杯绚丽的黄色的鸡尾酒，那是一杯用肉桂和其他香料熬制成的苹果酒，加入烟叶更是平添了一种烟熏的余味，令人回味无穷。

POCHO SOCIAL CLUB AND LA COYOTA

地址 / 建国西路 376 号
电话 / 5419-8727
营业时间 / 上午 7:00 至清晨 2:00
人均消费 / 100 元

健康的美食不会
吝啬美味

位于建国西路和太原路交叉口的音昱听堂是一家致力于帮助上海人民强健身体、内心以及灵魂的健康养生中心。音昱听堂中还经营着一家以"正念饮食"为核心理念的高端健康食品餐厅——意膳坊。

意膳坊的厨房是由主厨亚历山大·比特灵（Alexander Bitterling）领导。在加入音昱听堂之前，比特灵曾在泰国的一个水疗与养生中心工作过，在那里他花时间找到了许多不同寻常的食材，也扩展了自己的烹饪知识。"人们经常将'健康'这个词与清淡口味的食物联系在一起，但现在我们应该问问自己，为什么我们所有的食物都在用会掩盖其他食材风味的酱料呢？我所坚信也是我通过学习得到的答案之一就是'平衡'。"他说。

据比特灵所说，意膳坊的菜肴都是采用最好、最健康的食材制作而成的。他们都是从值得信赖的供应商那里采购优质农产品。"我们的菜肴中也会使用为了提高其营养价值而经过发酵的食材，或者以诸如腌制或烟熏之类的其他方式加工过的食材，当然这只是一部分。我们对食材的风味和口感有着非常纯粹的追求，希望以此来做出天然有机的美食，从而达到人与食物的平衡，就像我们这里的有机胡萝卜甜点那样。此外，我们的营养师还可以帮助有特殊饮食需求的客人吃到安全而美味的食物，比如说糖尿病患者。"他说。

最近我来到意膳坊享用午餐，尝试了一些健康的甜点和小盘菜肴。每一道菜都很有创意，而且无比美味，完全打破了我对"健康"食物的先入之见。自制有机大豆配南瓜鹰嘴豆泥（78元）以及香薄荷洋葱火腿派配酸奶油（48元）的洋葱馅饼都是开始一顿饭的绝佳选择。鹰嘴豆泥尝起来十分的新鲜和健康，极好地保留了这道招牌菜的精华与口感。

自制猪肉香肠"泰国北部风味"（68元）也很美味，尤其适合喜欢风味温和的泰餐的人。主厨比特灵使用了近15种食材，

比如柠檬草、棕榈糖、鱼露和其他亚洲香料创造出这样一种萦绕于舌尖的复杂的美食体验。

主厨还向我推荐了罗宾斯岛和牛牛肉鞑靼配罗勒和他们自己发酵的芥末、低温慢煮天然鸡胸肉配有机小米梨和烤花菜，以及香烤大西洋马鲛鱼配烤苹果和藜麦辣根。

"通常主厨们在食材的可追溯性和透明度方面都会遇到很大的挑战，但是我们的重要关注点之一便是寻找与我们的产品尽可能多的背景信息。这是一个繁杂的过程，但我们也会遇到很多和我们一样关心食材背景信息的人，我们为此而感到十分高兴。"比特灵说。

为了能让客人体验全新风味，吃到最好的应季食材，这家餐厅每个季节都会更新菜单。厨师说："通过与供应商建立联系，我们可以了解到接下来会有哪些应季食材，还可以与他们沟通信息以便他们了解哪些是我们正在寻找的食材。"意膳坊不仅是一家餐厅，还是音昱听堂的创意共享空间。

意膳坊

地址 / 建国西路 357 号
电话 / 3338-4660
营业时间 / 早上 7:00 至晚上 10:00
人均消费 / 280 元

让米酒和鱼生爱好者欢欣
鼓舞的橼舍隐久

隐藏在泰安路115弄某栋高档别墅中的橼舍隐久 (Yuenshe Ginjo) 是一家如同珍宝般的日本料理餐厅。由于橼舍隐久非常重视食材的新鲜度与高品质，同时在菜肴的制作过程中强调将传统的日本料理精神融入每一个细节中去，所以，哪怕是最挑剔的人在尝过这里的美食之后也会觉得心满意足。

内部的吧台和餐桌都配有大理石桌面，酒吧和用餐区域之间用了很多半个鸟笼形状的设计作为分隔，同时也体现着非常现代的元素，如用日本筷子制成的灯具。而设计出这个时尚酒吧的不是别人，正是店主的丈夫。至于其他的部

分，客人可以从酒吧区域或者露台上的第二个入口进入6座的传统风味寿司店之中，这里的露台可是举办花园派对等活动的完美场所。这家餐厅确实提供按菜单点菜的选择，但对于食客而言，最大的吸引力还是这里的主厨定制 (Omakase) 套餐。

我们一开始点了几个小的开胃菜，包括由鱼干、鱿鱼和美味的盐渍干鲻鱼子做成的三拼，配菜是苹果、萝卜和奶油干酪。之后是两道生鱼片拼盘。再接下来是几道热菜，包括一份清淡酥脆的虾与蔬菜天妇罗和一整条炸近畿岩鱼。岩鱼肉十分的肥美，几筷子下去竟被一扫而光。

这种特别的鱼即使在日本也是很罕见的，而在橼舍隐久，他们每天用的都是当天新鲜捕获的岩鱼。

这次用餐体验的最后一环是来到寿司柜台，寿司主厨青木为我们准备了三种生鱼片寿司。首先是一份鲷鱼，紧接着是肥美的金枪鱼，最后以海胆结束。美食之后我们都变得沉默了，因为我们在享受这丰富的、颓废的味道。

橼舍隐久

地址 / 泰安路 115 弄 9 号
电话 / 6237-8668
营业时间 / 午餐：中午 12:00 至凌晨 2:00；
晚餐：下午 5:30 至凌晨 1:00
人均消费 / 650 元

用餐结束之后，我们再次回到酒吧区域尝试了这里的招牌鸡尾酒。从用餐开始到结束，我们尝试了好几种米酒，他这里有 200 多种日本米酒可以选择。作为米酒爱好者的肯迪 (Candy) 十分热切地与我们分享了每瓶米酒的特质——她希望能够感染通常会选择啤酒或烈酒的中国客人，让他们也爱上日本米酒，而且她还会邀请日本米酒制造工厂的专业人士来进行品鉴。至于其他饮料，都是不限量供应，风格上注重细节完美。

用一个词来形容橼舍隐久，那就是完美。青木主厨精心制作的寿司，罕见却新鲜的岩鱼，还有丰富的日本米酒选择，所有这一切汇聚为一首旋律优美的美食交响乐，让每一位喜欢米酒和鱼生的人都跟着一起欢欣鼓舞。

Pizza Express 的新菜单
没有令人失望

曾以 Pizza Marzano 的名字为人们所熟知的 Pizza Express 餐厅在过去几年中经历了许多变化，从店名到菜单全部焕然一新。新的春夏菜单中加入了更多全新的食材和本土化的饮食选择，还包括愉悦味蕾的传统地中海美食和意大利融合菜肴，正是这样的融会贯通造就了一份独一无二的新菜单。

新菜单上不仅有新鲜的菜品，还有多种十分解渴的鲜榨果汁可供选择。新菜单还将经典的意大利美食与其他的西方美食结合在一起，比如

各种精选"美国热"比萨、使用全球各地辛辣食材制成的辣味拼盘，以及烤鸡翅等经典菜肴。

为了吸引更多的中国食客，新菜单还引入了本土化的理念。Pizza Express 的一些菜肴中加入了非常中式的食材，比如全新的叉烧比萨。这款比萨可谓是主厨拉伊姆 (Rahim) 的心血结晶。拉伊姆的寻根之旅让他发现自己的祖母出生于中国的广东地区，而他最喜欢的童年记忆之一便是吃祖母做的叉烧——用蜂蜜烤制的美味猪肉片。

在近日里的一次晚餐中，Pizza Express 没有让我失望。我选择了好几道前菜来打开我的胃口。烟熏三文鱼片是熏鱼与香醇橄榄油的美妙组合，还有萝卜和柑橘作配菜。烤鸡翅浸在烧烤酱和各种香草中，而田园烤番茄则为这道前菜增添了一分淡淡的清爽。再配上一杯使用产自意大利威尼托大区的有机葡萄酿造而成的果味香浓的灰皮诺，简直是无与伦比的美味。

至于主菜，我大口吃完了酥脆肥美的牛排配泡菜沙拉（混合了新鲜的蔬菜、牛肉、香蒜酱和柠檬酱）。我个人最喜欢的是有着厚厚一层布拉塔芝士的熔岩比萨，因为它们都是 Pizza Express 每天新鲜出炉的。

最后一道菜是一份高高堆起的伊顿麦斯，这是一道由调和蛋白、生奶油、开心果和草莓做成的经典英式甜点。

尽管这些全新的菜品为 Pizza Express 的新菜单增色不少，但之前很受欢迎的一些美食仍然被保留了下来。如果你最喜欢的菜品已经不在如今的菜单上了，不妨问问他们厨房里是否有这道菜的食材，如果有的话他们会很乐意为你现场制作出来。

PIZZA EXPRESS

地址 / 新天地 123 弄 5 号 105 号铺
电话 / 6322-0121
营业时间 / 上午 11:00 至晚上 11:00
人均消费 / 398 元（餐厅），100 元（酒吧）

日本美食风貌中的
全新鳗鱼饭餐馆

上海食客们的美食菜单中最不缺的就是日本菜了。从快餐风格的寿司店和总在它一旁出现的居酒屋，到随便吃的日式自助餐和人均花费数千元的超高端菜单，所有这些在上海都不难找到。

数周前刚刚在愚园路上开始营业的鳗重餐馆 (Unaju) 就是上海已经蔚为壮观的日本美食风貌的最新成员之一。它和许多类似大小的日本餐馆一样，有着庄重的门面和只能容纳六七个人的用餐区域，你很容易就会错过这家如同

小型宝藏一般的餐馆。这家餐馆的菜单更小。事实上，我们到访的时候，这里只供应一种菜肴：鳗重，100 元。

在这里需要给大家上一节课。当鳗鱼饭被盛放在圆碗之中时，它被称为鳗丼；而当它被盛放在方形漆木盒中的时候，就变成了鳗重。

鳗重餐馆就是一家专门制作这种与其店名同名的关东风味菜肴。这种鳗鱼饭的特点就是先将鳗鱼蒸熟，然后进行烤制。这里的每份鳗重

都包括一份蒸熟的米饭、两大块涂有烧烤酱的鳗鱼片，以及一碗标准的味噌汤和两个配菜。

这种鳗鱼饭中的香浓酱汁并不会影响到鳗鱼的自然风味，鳗重餐馆在这一点上做得极好。当然，如果你想要尝试更浓郁的口味，也可以向他们要更多的酱汁。

这家餐馆每天早上都会采购新鲜的鳗鱼。他们会将这些鳗鱼提前蒸熟，然后在客人下单后进行现场烤制。最后，滋滋作响的烤鳗鱼片就完成了，柔嫩多汁而又无比美味。鳗鱼皮是烤得最好的地方，也进一步证明了是这里鳗鱼饭的高品质供应地。有些人可能会觉得分量有点少，没关系，这家餐馆可以为你免费添加米饭。

这里的服务也很出色。经营这家餐馆的只有两个人：一位为客人提供服务的女士和一位在厨房里准备菜肴的男士。他们都是上海人。在温暖的问候以及适时的添茶之后，这位友好的服务员会陪客人随意聊聊天。

这一切都会营造出一种十分愉悦的、如同家一般的用餐氛围。用餐结束后，这位女主人还会亲切地邀请客人坐下慢慢享用他们所点的茶水，客人想待多久都可以。这里提供乌龙茶和软饮料，价格都是 15 元，啤酒则需要 20 元。

对于一些人来说，这样小小的一份套餐却收费 100 元，可能会觉得太贵。但是如果你知道在上海随便一碗高质量的鳗鱼饭就需要 200 元的话，你会突然觉得这家餐馆还是很实惠的。而且，超市里只卖 40 元或 50 元的更便宜的鳗鱼饭并不会总是使用最新鲜的食材。

鳗重餐馆

地址 / 愚园路 580 号
电话 / 5268-9958
营业时间 / 午餐：上午 11:00 至下午 2:00；
晚餐：下午 5:30 至晚上 9:00；周日闭店
人均消费 / 100 元

清凉的午后在 Blackbird
享用极品鸡尾酒

在兴国路上的"3号酒吧"(Bar No.3) 取得了不小成就之后，Swing 刁决定在这座城市里创办另一家时尚餐厅，让客人可以在享用顶级酒水的同时度过一段高品质的时光。位于乌鲁木齐南路和东平路交叉口的 Blackbird 就是刁女士的第二家餐厅。只要走进去，你就会发现它与周围其他餐厅的不同之处。

身为餐厅主人的刁女士同时还是一位建筑师，她在这里很好地展示了自己的才能：内部装饰着时尚的家具、炫酷的元素和工业风格的照明。友好的工作人员会帮你在落地窗或者时尚吧台的附近找到一个舒适的角落。Blackbird 内部的自然采光也很好，白天的时候也非常适合与朋友们聚会用餐。

刁女士说她个人很喜欢在晚上7点钟前喝鸡尾酒，她觉得上海应该有一家在白天营业，同时还提供优质的咖啡、美食以及下午茶的鸡尾酒酒吧。Blackbird 有着十分时尚的北欧风格装饰，它既是酒吧，也是咖啡馆和餐厅。"在上海这样一个超大的城市中，人们需要刺激的想法；有创意的年轻人也应该按照自己想要的方式享受生活。"刁女士说。

菜单上只有为数不多的几道意大利乡村风味的菜肴，而且为了适应现代城市的生活方式，他们还对这些美食做了重新诠释。"我们的菜单一直都很小，因为我们会根据季节、天气和客人的想法不断地更新菜单。"刁女士说，"我们希望客人在这里能享受视觉的愉悦和真实的味道，度过一段美好而有品质的时光。"在最近一次到访中，菜单上不仅有我之前最爱的菜肴，还推出了全新的菜品——葡萄和烤布利干酪配蜂蜜和意式浓缩香醋 (78 元) 是吸引我一次次来到这家餐厅的原因

培根大枣 (52 元) 是另一道制作简单但很美味的开胃菜，吃上一颗就会让你停不下来。其他的小吃还包括烤章鱼、清爽的手工布拉达芝士沙拉、辛辣的腌橄榄配菲达芝士，以及裹了面糊的炸虾球和鱿鱼。除了味道，Blackbird 还十分重视菜肴的外观。

至于主菜，新推出的慢煮牛舌 (96 元) 配有香菜萨尔萨辣酱和黑松露。我还尝试了牛肝菌博洛尼亚意面 (98 元)，这道菜是用切碎的博洛尼亚牛肉搭配手工宽面条和牛肝菌制作而成的。这道菜味道也很好，但还不至于让我感到惊艳。

总的来说，Blackbird 餐厅的食物都挺不错，但这不是它最有吸引力的地方。这家餐厅在开业之后能够名声大噪的原因在于它的鸡尾酒酒单。"我们正在尝试调制出与餐厅菜肴相匹配的鸡尾酒。我们在设计鸡尾酒配方的时候使用很多烹饪的食材，3 号酒吧也是这样打破文化与鸡尾酒的传统的。"刁女士说。

刁女士自己的最爱是 Red Barrel (88 元)，一款以波本威士忌为基酒，混合了有机酸果蔓汁、阿马罗、枫糖浆以及比特酒调制而成的鸡尾酒。在酒单上的众多鸡尾酒中，我们强烈推荐 First Frost，一款混合了多种水果的慰心鸡尾酒，以及 Voodoo Eyes，一款很简单的鸡尾酒，但里面的自制洋甘菊让它变得与众不同。

BLACKBIRD

地址 / 乌鲁木齐南路 1 号
电话 / 186-1627-2292
营业时间 / 上午 11:00 至清晨 1:00
人均消费 / 150 元

英国主厨玩转鸡和鸡蛋

对于寻求舒适的当地人而言, Chicken & Egg 有着十分精致但又不会很贵的美国美食, 已经成为一个新的街坊邻里的聚集地点。这家餐厅位于富民路和长乐路交叉口, 那里之前曾是上海啤酒坊旗下的 Citron 咖啡馆。由此可见, 那片区域是已经发生了很大的变化。

餐厅自上个月开始营业以来, 在午餐时间一直都人气旺盛。这里的经营理念很简单: 以鸡肉和鸡蛋为主要食材做出美味而慰心的食物。客人既可以在户外随意拉过一个凳子, 也可以到休闲的室内找一个舒适的沙发椅, 舒舒服服地坐下, 然后享用这里食物和饮品。

来自英国的厨师长贾斯汀·伯明翰 (Justin Birmingham) 说: "餐厅的菜单在设计之初就是为了吸引那些寻求健康早餐、舒心午餐和美味晚餐的人们。" 伯明翰曾在英国的一家米其林 2 星级餐厅担任主厨, 这次他创造出了许多适合那些重视饮食健康和食物来源的个人及家庭的菜肴。"我们这里所有的鸡肉都是非油炸的。我们的烤鸡和烤鸡翅都有很丰富的蛋白质, 脂肪含量低, 美味多汁, 风味十足。并且, 我们所有的食材都是从有机农场和供应商那里采购的。"伯明翰说。

这家餐厅最受欢迎的无疑就是烤鸡了。你可以选择鸡胸肉或鸡腿肉, 以及两种配菜, 价格都是 69 元。这里的鸡肉都经过 16 小时的腌制, 柔嫩而又多汁。伯明翰说, 所有的鸡肉都不会二次加热, 他们也不会使用加热灯为鸡肉保温。他说: "每份烤鸡基本上都是在客人下单之后当场烤制的。"

为了迎合不同人的口味, 这里的烤鸡配有 9 种自制酱料。其中特制葡萄牙霹雳霹雳酱和姜味甜辣酱都非常适合亚洲人的口味。这些酱料都是伯明翰主厨为了与烤鸡搭配而精心熬制的, 而且所有酱料都是每天新鲜制作的。

除烤鸡之外, 我还尝试了这里的牛油果鸡蛋吐司 (50 元), 这道菜配有香蒜酱、蒜泥蛋黄酱、新鲜鳄梨、鳄梨酱以及一个荷包蛋。这道菜是健康早餐的一个极佳选择。

虽说这家餐厅十分重视食物的健康和风味, 但你也完全可以恣意地享用美食。这里的三明治

有 10 多种配料可以选择，包括土豆泥配黄油奶油和新鲜洋葱、烤花椰菜配白酱汁、糖汁胡萝卜等你都会在菜单上找到。

至于甜点，这里有美国红丝绒蛋糕，夏威夷果派和各种不同口味的芝士蛋糕。奶昔和冰沙也值得一试，特别是贝利奶油香草奶昔 (60 元)，尽管价格有点高，但是味道十分香浓，非常好吃。

这里的鸡尾酒有两种——Yard Chick (49 元)，用鲜姜、姜味利口酒、杧果汁、酸橙汁和绿茶调制而成的十分清爽的鸡尾酒，以及 Sky Is Not Falling (49 元)，以添加了柑橘的伏特加为基础，混合了马利布椰子利口酒、苹果汁和橙汁调制而成的鸡尾酒。

CHICKEN & EGG

地址 / 富民路 291 号 1 层
电话 / 6121-2606
营业时间 / 上午 11:30 至晚上 11:00
人均消费 / 100 元

擅长融合美食的
德韩跨国夫妻

东方美食与西方烹饪技艺的融合绝对是当下的一种趋势，但只有少数餐厅能将融合菜肴做得很好。"東"（East）餐厅就是其中之一。

资深的上海餐饮从业者斯戴芬·斯蒂勒（Stefan Stiller）与他的妻子有希（Yoshi）携手在田子坊众多旅游商店中间开了这家温馨别致的餐厅。斯蒂勒是当地烹饪界的知名人物（他曾在老码头创办 Stiller's 餐厅），并且一直以来都和来自韩国的妻子 Yoshi 合作。几年前，这对夫妇曾在德国经营了一家米其林星级餐厅。最初，这对夫妇的想法是开一家以刘包为主的亚洲风味餐厅。而在田子坊找到了合适的店址之后，他们决定创办一家规模更大的餐厅——在一楼供应随取即行的休闲食物，二楼则供应北亚风味的美食。

午餐时分，客人大多选择在时尚的一楼餐厅点上各种馅料的刘包，或者很适合恶劣天气的美味拉面。到了晚上，客人则聚集到二楼，体验这家餐厅融合了中日韩三国灵感的美食。

这家餐厅烹饪的风格和美食的外观都是非传统的，大多数菜肴是对传统美食的口味和背景进行了现代化的诠释。"上海有很多供应亚洲风味美食的餐厅，但我相信我们这里的菜肴是其他餐厅没有的。"斯蒂勒说，"至于日本菜，我们有一个很好的朋友在背后支持我们，他是现代和传统日本料理的专家。"

有着蓝色主题装饰的二楼餐厅十分的舒适温馨，非常适合在周末或者晚上和家人朋友们一起来这里用餐。

腌制皇帝鱼 (95 元) 非常新鲜，还有牛油果、西红柿冻和西瓜作为配菜。姜味日式生牛肉片配青柠酱油汁、野生米沙拉 (105 元) 很有创意，味道也很好，野生米和无比柔嫩的日式生牛肉片搭配在一起，口感十分独特。

"云耳"蘑菇、萝卜和黄瓜拌沙拉 (38 元) 十分的健康清爽。自制特色泡菜 (28 元) 是一道必点菜品。这一小盘泡菜非常受欢迎，很多客人甚至想买一整罐。我点的所有冷盘都很不错，

风味十足，别出心裁。"東"餐厅菜单上的"热菜"部分也非常好。有一些菜肴是慢煮的，里面的肉柔嫩而多汁。

韩国"包菜"(Bo Ssam)(258 元) 给人一种纯粹的喜悦。他们要求每位客人取一片生菜叶，然后在里面卷上烤猪肩肉、泡菜、包菜酱和生蚝。事实上，这道菜就是韩国版的海陆组合 (Surf and Turf)，它也是菜单上最精彩的一道菜。

韩国美食爱好者可不能错过这里的韩式烤炒年糕配"红龙酱"(48 元)，它是寒冷天气里真正的慰心食物。

"東"餐厅采用的都是优质食材：肉类和海鲜大多是从国外进口的，蔬菜和香草都来自于可信赖的本地供应商，调味料和香辛料也都是从韩国或日本进口的。

東店

营业时间 / 上午 11：00 至晚上 12：00（周日至周四），
上午 11：00 至清晨 1：00（周五、周六）
人均消费 / 450 元

陆家嘴店

地址 / 浦东富城路 16 号
电话 / 5830-8060

长泰国际广场店

地址 / 祖冲之路 1239 号长泰国际广场 10 号楼一楼 1W37
电话 / 5080-1652

在纽约风格的餐厅与朋友
一起放松身心

经过一天漫长而紧张的工作之后，没有什么能比在酒吧喝上一杯更能让你放松身心的了。位于武定路上的 Tribeca 餐厅恰好就是这么一个地方。

这里易于浏览的酒水单上包括创新版的血腥玛丽，以及其他即使是对饮酒最挑剔的人也会喜欢的特色酒水。

Tribeca 是一家时尚现代的餐厅，中心设有酒吧区。墙壁上涂鸦风格的绘画装饰会让你想

起 20 世纪 20 年代的纽约。温暖的照明更是为这里增添了一种休息室的氛围。

这家餐厅的三位男性业主说，Tribeca 是那种客人都愿意回来的街区餐厅兼酒吧，非常适合与朋友一起用餐共饮。"我和我的朋友已经在上海生活了很多年，这座城市就像我们的家一样。我们喜欢在一起分享生活中的美好时刻，所以我们决定创办一个属于我们自己而又不华丽矫饰的地方，只是为了能与他人共度美好时光。"业主其中一位的赛格尔·勒·海格拉(Segal Le Hegarat) 说。

这个三人组合从纽约市最前卫的街区那里汲取灵感，打造出了这个有着时尚设计师风格的别致而现代的空间——对古雅的武定路是一种多元的补充。

勒·海格拉和另外两个业主——克雷蒙·布赫尔特(Clement Brault)与米卡·巴拉奈斯(Micka Baranes) 都来自法国，即使他们不想被称为法国人，餐厅的菜单上还是反映出了他们的家乡。"我们不想被人贴上标签，说这里是法国人的餐厅。这就是为什么我们要运用涂鸦艺术为这里增添一种更加时尚嬉皮的氛围。菜单上只是我们自己喜欢吃的食物而已。"勒·海格拉说。

在最近的一次到访中，勒·海格拉推荐我选择他们的创意血腥玛丽 (68 元) 作为餐前饮品以开启一个轻松的夜晚。作为对这款经典酒水的全新尝试，他们在杯口上方搭配的是一串烤

虾和橄榄。在口感上它柔和地平衡了各种香辛料，包括辣椒、洋葱、大蒜、香菜和鱼露，非常适合空腹的时候饮用。另一个很受欢迎的版本是热带风味的培根血腥玛丽，它是添加了蓝姜和柠檬草调制而成的。

这餐饭以小盘菜肴开始。因为我打算度过一个胃口大开的夜晚，所以鸡米花 (48 元) 似乎是最好的选择。这道菜配有美味的自制蜂蜜芥末酱。脆皮蓝带 (68 元) 由猪肉、火腿和马苏里拉干酪制成，配有时令蔬菜辣酱和新鲜的芫荽酱。新鲜清爽的辣酱和相对肥腻多汁的肉卷形成了很好平衡，是一道很美味的前菜。半烤牛肉卷 (68 元) 是牛肉爱好者的理想选择。薄切牛肉片里卷着各种蔬菜，外面还撒上了烤芝麻。腌制的青椒与牛肉片搭配在一起增加了一种十分有趣的口感和风味。

菜单上最受欢迎的菜肴包括牛排薯条、牛肉汉堡、牛肉罗西尼 (牛里脊肉配鹅肝酱、松露红葡萄酒汁)，还有一些法式主菜，如油封鸭和羊排。菜单上的海鲜类食物同样也很有吸引力，像煎鲜贝烩饭 (128 元)：两个平锅煎鲜贝配烩饭、黑松露和帕尔马干酪，另外两个煎鲜贝与蔬菜杂烩一起上来。

每周二至周五，从下午 4 点钟开始一直到晚上 8 点钟是 Tribeca 餐厅的"欢乐时光"，酒水单中有众多酒水任选。一杯起泡酒或普罗赛克售价为 35 元，葡萄酒则是 35 至 38 元不等。这里还有其他的促销活动。

TRIBECA

地址 / 武定路 966 号
电话 / 5283-0507
营业时间 / 上午 11:00 至清晨 12:00（周二至周四），
上午 11:00 至下午 2:00（周五）
人均消费 / 150 元

蟹钳和其他: 国金中心商场里的新加坡美食

让人垂涎欲滴的辣椒螃蟹、麦片虾、娘惹炸彩虹鲷——想要吃到这些新加坡美食,已经不需要再飞往新加坡了。

珍宝海鲜在陆家嘴国金中心商场开设了第三家分店,为海鲜爱好者们提供正宗的新加坡菜肴和高端的用餐体验。这家分店的内饰以新加坡的国花——万代兰为主题。

1987 年,珍宝海鲜在新加坡著名的东海岸海鲜中心创办了第一家店,如今在新加坡全境享有盛誉。对于想要尝试当地螃蟹菜肴的新加坡人和游客来说,珍宝海鲜已经成了一个很受欢迎的选择。2013 年,珍宝海鲜在淮海中路上的环茂 iapm 商场中开设了中国的第一家分店,紧接着又在人民广场上的来福士大楼中创办了第二家分店。

在国金中心商场的这家分店中,不同口味的蟹钳是必须尝试的。这里有辣椒螃蟹配炸馒头、黑胡椒蟹配酥脆的蔬菜以及黄油蟹钳。每人每份 158 元。"为了保持蟹肉柔嫩多汁的口感,我

珍宝海鲜

地址 / 世纪大道 8 号 3 楼
电话 / 6895-3977
营业时间 / 上午 11:00 至
晚上 10:30
人均消费 / 350 元

们采用的都是新加坡进口的鲜活青蟹。"厨房运营总监吴崇冠说。他补充道："每只螃蟹的重量至少为 800 克，每只蟹钳都是由我们的主厨亲自去壳，我们会确保蟹钳的三个部分是连在一起的。螃蟹菜肴的关键在于用八种捣碎的香料制作而成的自制酱料。按照新加坡人的吃法，你可以将炸馒头浸到酱料里，来品尝其丰富的口味。"吴先生说。

这种体贴而独特的餐饮体验在高端商务客户中颇受欢迎。一位姓王的客人显然对这里已经去壳的蟹爪十分满意，他说："以前，我们一

边和客户谈生意，一边还得自己用手去给螃蟹去壳，其实是挺尴尬的。"

除了螃蟹之外，不妨试试这里的蛋黄焗大虾配火龙果、烤黑猪扒配芦笋、蒸鳕鱼配火腿和炖鸭肉，以及清蒸萝卜配蘑菇酱。珍宝海鲜还提供三种定制的晚餐菜单，包括特色开胃菜、海鲜汤、羊肉、蒸鳕鱼和炒饭。

至于甜点，脆皮榴莲配野生浆果会让你体验到新加坡的热带风情。

电视名人主厨烹制的
高档韩国料理

毫无疑问，Chi-Q 是上海最高档的韩国菜餐厅之一。位于外滩 3 号黄金地段上的这家餐厅是主厨麻尔佳 (Marja) 创办的第一家韩国概念餐厅，名主厨让·乔治·丰格莱西顿(Jean–Georges Vongerichten) 也加盟了这家精致的餐厅。

虽然身为麻尔佳丈夫的名主厨让·乔治有时候会太过耀眼而掩盖了她的才华，但是主厨

Marja 对于自己的出生地——韩国的美食一直充满着热情。作为美国电视节目《泡菜纪事 (Kimchi Chronicles) 的主持人，她在将韩国美食文化推向全世界这个方面做出了不小的贡献。

麻尔佳在打造 Chi-Q 餐厅的菜单时，将她自制的韩国传统美食配方与其丈夫让·乔治的现

代烹饪技艺结合在一起,旨在让上海最挑剔的美食家也可以心满意足。

这家餐厅的入口十分的低调,容易让人联想到韩国传统民居的大门。在享用韩国美食之前,客人会被邀请到入口旁一个长长的吧台处稍作停留,那里供应有韩国风味的餐前鸡尾酒。

这家餐厅的内饰很好地整合了韩国传统民居中经常能看到的一些设计,而且具有更高层次的审美。餐厅内部共有 90 个座位,而诸如木材、混凝土和金属等材料的结合为这片空间营造出一种朴实而现代的氛围。四层高的中庭是外滩 3 号的独特建筑特色,也是这家餐厅的核心区域,那里设有一张长长的公共餐桌。

Chi-Q 餐厅的厨师长是来自韩国的佑彬娜 (Bina Yu)。她是在 2014 年的时候来到上海的,之前曾和让·乔治在纽约共事。Chi-Q 餐厅致力于为客人提供精致现代的用餐体验,这一点从他们的美食菜单上就可以看出来。

鹅肝泡菜煎饺 (108 元) 有着很明显的 Jean-Georges 风格。在传统的泡菜饺子馅料中加入了鹅肝,二者不仅实现了完美的平衡,还加重了各自的口味。不同的口感和风味混合在一起会让你的味蕾为之惊奇。皇帝鱼刺身配甜酱油、辣椒油、牛油果、葵花子 (88 元) 对鱼生爱好者来说是一道美味的前菜。脆皮虾 (98 元) 很像天妇罗,但里面还添加了皱叶甘蓝、青椒和日本德岛酸橘,使得这一道简单的炸虾变得更加复杂。

这家餐厅的主菜无疑就是一直很受欢迎的韩式烧烤,这里有很多食材可以选择,包括牛肉、猪肉、鸡肉、海鲜以及新鲜蔬菜等。"我们以韩国菜肴为基础,从日本和其他亚洲国家的美食中汲取灵感,不断更新我们的菜单,让我们的菜肴更加亚洲化。"佑彬娜说。

当下,这家餐厅正在促销优质的 Blackmore 和牛牛肉。Blackmore 是一家备受赞誉的 100% 全血和牛牛肉供应商,它位于澳大利亚维多利亚州的一个小镇上,其供应的牛肉 90% 都是 BMS 9 或 9+ 级——澳大利亚最高的牛肉品级。

这里的精选澳洲 Blackmore 9+ 级和牛品尝盘 (688 元) 包括 140 克前腰肉、40 克肩胛肉、70 克胸腹肉、50 克肋排肉以及 40 克三尖肉。主厨 Yu 建议在品尝 Blackmore 和牛肉的时候不要蘸太多的烧烤酱,因为牛牛肉本身就非常的柔嫩美味。

Chi-Q 的其他特色菜品还包括红烧肉配柚子泡菜和辣椒酱 (48 元 /2 份)、烤鹅肝配花生芝麻碎和鲜梨 (138 元)、新西兰鲑鱼 (168 元 /140g)。

CHI-Q

地址 / 中山东一路 3 号, 外滩 3 号 2 层
电话 / 6321-6622
营业时间 / 下午 6:00 至晚上 10:30
人均消费 / 300 元

美味的亚洲汉堡，完美的便携小吃

上海的餐饮风貌不断地变化，而西方文化的影响是很重要的因素，在这样的情形下，别出心裁的亚洲美食就变得更加令人惊喜。

湖滨路购物中心的包主义是一家以亚洲汉堡——刈包为招牌菜的时尚餐厅，它在传统刈包的基础上做出了一番新的尝试。

用纸袋包装的刈包刚好有手掌大小，是理想的便携小吃和完美的快餐食品。包主义还提供套餐，两个刈包加两个配菜，或者一碗米饭加两个配菜，都是 45 元。这家餐厅的主人是高先生和徐先生，他们希望将中国的传统美食与现代口味结合在一起。

高先生说他们都是从自己了解的、可信赖的农民朋友与合作伙伴那里采购本地的天然食材，并且这些供应商都是以可持续生产实践为理念，以保证生产出来的食材能够通过严格的质量标准。

包主义

地址 / 湖滨路 150 号, B2
电话 / 6333-5676
营业时间 / 上午 11:00 至
晚上 9:00
人均消费 / 60 元

他们采购的都是没有添加任何抗生素或激素的家畜、不含防腐剂和漂白剂的面粉、自然生长的本地应季蔬菜以及使用 100% 非转基因大豆手工制成的豆腐。

"我们都是用传统的烹饪方式每天现场准备食材，不添加任何味精、糖精、调味剂或者上色剂。我们希望能让客人对食材的成长过程和来源有更多的关注，以此来扩大人们对优质食物的需求，同时也帮助那些致力于同样愿景的农民朋友和供应商。"高先生说。高先生在使用安全干净的食材方面有着很强的使命感，他说："包主义坚持以合理的价格为客人提供方便而优质的用餐体验，是因为我们相信每个人都应该吃到有益健康的食物。"

松软的刈包是用优质面粉手工制成之后每天当场蒸熟的。米饭选用的是黑龙江五常米——它被认为是中国最好的一种米。

我首先尝试的是红烧手抓肉刈包，它的制作灵感来自于传统的台湾刈包 (红烧五花肉、腌菜和花生碎)，但是馅料没有传统刈包那么油腻。总体而言，口感和风味达到了很好的平衡。其他的馅料更具创意也更加大胆，如韩式炸鸡包和黑胡椒豆腐包。炸鸡包是许多人的首选，但我觉得味道有点平淡。豆腐包是一个不错的选择，黑胡椒酱搭配蘑菇和泰国罗勒，健康而美味。这里的配菜同样很有创意，比如传统的上海葱油拌面配温泉蛋、酥脆的年糕配四川麻婆酱以及新疆烤茄子配白芝麻酱、酸奶、杏仁和枸杞子。

这家餐厅空间很小但是充满活力，有着很好的用餐氛围。虽然这里的食材都是现代的，但烹饪的方式却很传统——用竹编蒸笼烹制美食，这也是厨房里最引人注目的。

这家餐厅的室内设计工作是由 Linehouse 工作室负责的，他们借鉴了传统手工编织的理念，然后以非传统的材料应用到这片空间。有孔的金属面板编织在一起将用餐区域和服务区域分隔开来。定制酒吧凳则是参考了在上海街角随处可见的小木凳。

迪士尼小镇中的
翡翠酒家分店

游客们来到上海迪士尼度假区会发现这里有非常多的用餐选择，包括粤菜、新加坡菜和上海本帮菜。事实上，饥肠辘辘的追寻乐趣的人们在翡翠梦乐园这家餐厅中就能找到所有这些美食。位于迪士尼小镇西北角的这个翡翠酒家 (Crystal Jade) 的新分店供应着许多高品质的亚洲菜肴，也正是这些高品质菜肴使得它的品牌闻名于世界各地。

这间优雅的餐厅共有两层 408 个餐位，还包括四个私人包间和很多户外桌位，那可是夏夜用餐的完美之地。针对带小孩子的用餐者，餐厅提供四种特别套餐。有孩子们喜欢的有趣动物形状的点心、甜食以及新鲜果汁。王先生、年仅 10 岁的小朋友就是冲着翡翠酒家的"可折叠玩耍的菜单和美味的动物形状的食物"来这家餐厅的。"这里是幸福和爱的天堂。"这位显然吃得心满意足的小朋友补充道。

老年人不妨尝尝这家餐厅的招牌菜：辣椒膏蟹、蜂蜜叉烧以及龙虾汤海鲜泡饭。当然，这里的上海特色小吃——小笼包也值得一试。按照新加坡的标准，辣椒螃蟹还配有大量鲜嫩多汁的鱼子。这道菜需要用十分正宗的香料，如朝天椒，红辣椒和姜。

主厨选用的都是直接从新加坡进口的新鲜蓝蟹，而且每只蟹的重量不低于 650 克。这家餐厅还供应辣椒蟹小笼包。包裹在深红色的饺子皮中，这些细腻的蟹肉和用辣椒浸泡过的汤汁美味无比。

另外对于海鲜爱好者来说，龙虾汤海鲜泡饭是不容错过的慰心美食。这种泡饭菜肴的特色在于用虾、蔬菜粒和脆猪皮熬制成的香浓龙虾汤。上菜之前，再将一大份锅巴倒入汤中。两者之间的奇妙组合造就了一种极佳又和谐的口感。

蜂蜜叉烧是将肥瘦适中的猪肉块浸在丰富的混合酱料中制成的。不过要小心哦，这道特制经典粤菜可是很容易上瘾的。

如果你喜欢辛辣的食物，四川担担面会让你尝到西南地区的经典口味。这道传统的辣味菜肴还略带酸甜味，而花生的巧妙运用更增添了一番风味。

但是，没有甜点的一次用餐不算完整。这里还供应翡翠酒家最受欢迎的一些甜点，包括杞果牛奶、姜汁汤圆、芝麻枣泥酥。

翡翠梦乐园

地址 / 申迪西路 255 弄 780 号和 785 号
电话 / 5039-7880
营业时间 / 上午 10:00 至晚上 10:00（周一至周日）
人均消费 / 160 元

静安区号称"肋排之乡，啤酒之家"的餐厅

一直以来，位于静安区北部陕西北路与江宁路之间的昌平路都没什么人气，整条街上只有零星几家破旧的小餐馆。但是最近这条街道却摇身一变成了一处时尚的用餐地点，因为这里出现了一家对外宣称是"肋排之乡，排骨之家，还有超棒薯条"的餐厅。这家休闲餐厅兼酒吧是专为喜欢街头文化以及悠闲社交氛围的年轻人而设计的。

这家餐厅有着沿街的开放式厨房，内部则是保留了原始的建筑特色，几乎没有添置什么家具，大大小小的餐桌也都是随意摆放的，墙壁上还挂着一些限量版滑板以及街头风格的服装和帽子。

Dope Shifu 餐厅的三位业主是老朋友。薛先生曾在上海各个酒吧做过DJ，从铜仁路上的 Mint 到外滩上的 Bar Rouge。孔翁 (Kone Wong) 一直致力于世界极限运动会 (亚洲) 和万斯之家的活动管理。来自新加坡的亚历山大·昂 (Xander Ang) 曾在 Dr. Beer 和 Dr. Wine 两家餐厅担任过主厨，他也被认为是在上海创办海南鸡肉饭餐厅的第一人。

然而，在 Dope Shifu 餐厅，昂打算将菜单的重点放在休闲而雅致的西餐上——朋友们聚在一起消磨时光时会喜欢吃的食物。

烤猪肋排 (68 元) 上面涂满了美味的酱汁，配菜是一些烤得很棒的蔬菜。烤海鲂 (62 元) 是另一道可选的主菜，很适合那些渴望食物有柔嫩薄脆口感的人，而且第戎芥末和香草为鱼肉的味道增色不少，虽然我觉得有点太咸了。

这里还供应各种各样的配菜：墨西哥芝士肉酱薯条、烤玉米、脆皮鱿鱼圈、炸鱼条 (这些都是菜单上写的)——这里可不适合素食主义者或关注饮食健康的人哦。你还可以点上一瓶啤酒来搭配这些慰心美食。330 毫升的生啤需要 20 至 40 元不等，冰箱里装满了来自比利时、美国和泰国的精酿啤酒。

"我们正在抓紧完成我们的食物菜单，"昂说，"等天气变得更加暖和，Dope Shifu 将变成一个更加炫酷的聚餐场所，因为我们这里有一个长长的室外吧台。"

作为业主之一的孔翁与很多运动品牌和项目都有联系，他表示将会为 Dope Shifu 引入更多有趣的活动和产品。"我们不喜欢做特别严肃的规划。如果哪天我们突然有了什么好玩或者疯狂的想法，那么，我们都会在这里实现它。"孔翁说。

DOPE SHIFU

地址 / 昌平路 317-8 号
电话 / 131-2230-9751
营业时间 / 上午11:00至凌晨1:00
人均消费 / 80 元

外滩上的美国城市氛围

在上海众多顶级餐厅的聚集地——外滩三号之中相继增加了三个全新的餐饮场所,而且它们都属于同一个品牌,其创始人更是推荐人们去体验一番。

Pop 概念三部曲之 Pop 美式餐厅,Pop 酒吧和所谓的 Whisper 休息室全部位于外滩三号大楼的顶层,江畔的美景在这里一览无余,非常适合与爱人约会或是与外地朋友一起度过一个美好的夜晚。全天营业的 Pop 美式餐厅很容易让人想起 20 世纪 70 年代的纽约。餐桌大多是木质或大理石的桌面,还配有经典的红色皮革长沙发以及酒红色与米黄色的椅子,为客人提供舒适座位的同时,营造出温暖而朴素的用餐环境。

前菜菜单上也有着很多冷热菜肴可以选择。我们强烈推荐番茄沙拉配新鲜的意大利布拉塔芝士、松子、香蒜酱和香醋 (118 元) 以及用虾、鳄梨和柑橘汁调制而成的鸡尾酒 (98 元),因为它们都很清淡,非常适合作为开胃菜。这里的主菜也非常契合美式菜肴的主题,而且分量都很足。850 克的带骨肋眼牛排配有烤蔬菜和洋葱圈（两人 1080 元），如果你刚好胃口很大，那么这道菜就再合适不过了。这家餐厅还提供傍晚的定制套餐，四道菜 240 元，不含下午 5 至 6 点钟之间的订单服务费。Pop Bar 酒吧位于顶层的东面露台上，它的灵感来自于 20 世纪 50 年代美国迈阿密的时尚酒吧。虽然这家酒吧以浩室音乐（House Music）为主，但你会发现这其中受迈阿密拉丁、西班牙和加勒比地区音乐风格的影响，这里的饮料和食物也是如此。

作为 Pop 品牌三部曲的最后一章，Whisper 休息室的室内设计参照的是法式闺房——仅限于亲密朋友间的私密沙龙。Whisper 有着十分温馨的夜间氛围，在这里调酒师们会将经典和应季的食材与优质的利口酒混合在一起。内部空间里装饰有各种图案和纹理的红色织物，中心部分是从 1916 年保存至今的一个原始壁炉，当时这栋建筑还被称为"联合大楼"。

Whisper 提供了多种在新奥尔良十分有名的经典鸡尾酒，比如经受住时间考验的萨泽拉克（Sazerac）（98 元）。它是由马爹利名士干邑（Martell Noblige Cognac）、苦艾酒（Absinthe）、安古斯特拉比特酒（Angostura Bitters）和糖调制而成的一款经典鸡尾酒。对于喜欢起泡酒的人而言，另一款值得一试的是 French 75（158 元），它是由必富达金酒（Beefeater Gin）、巴黎之花香槟（Perrier Jouet Champagne）、糖以及柠檬汁调制而成。

另外还有其他很多全新调制的鸡尾酒，比如以伏特加为基酒的 Dita's Kiss 和 Fleur de Lys。

POP

地址 / 中山东一路 3 号，外滩三号 7 楼
电话 / 6321-0909
营业时间 / 上午 11:00 至晚上 11:00（Pop 餐厅）；
下午 2:00 至晚上 12:00（周日至周五），
下午 1:00 至晚上 12:00（周六）（Pop 酒吧）；
下午 6:00 至晚上 12:00（周二至周六）（Whisper 休息室）
人均消费 / 50 元

嘉里中心的"潮泰意"

近日,位于静安嘉里中心之内的灰狗潮泰意餐厅 (Greyhound Cafe) 开业了,成了泰餐连锁在上海的第三家分店。灰狗潮泰意餐厅是从泰国曼谷起家的,新店的开张意图为静安寺地区的人们带来富有创意的泰式融合菜肴。餐厅内部是非常时尚的黑灰色工业风格装饰,还装点着不加修饰的灯泡。而可能出于偶然,这家分店的设计与其所在的区域非常契合,因为餐厅创始人一直坚持着连锁餐厅的原始风格。例如,这里的室内设计和音乐就为了重现与曼谷第一家餐厅相同的氛围。

虽然这家餐厅将自己定义为"潮泰意",但是有一些菜品的名字既不像意大利美食也不像泰国菜,比如 58 元的脆炸单骨鸡翅。这道菜与其说是在泰式菜肴中融入了美国风味,不如说是在美国人最爱的经典食物中增加了一丝泰国风味,因为这些鸡翅都被放在鱼露中腌制过,而几乎所有的泰国菜肴都会使用鱼露来使它们变得外酥里嫩。

这道菜味道很丰富,酱汁极好地保持了鸡肉的柔嫩。这些鸡翅很容易就能用手撕开,非常适合多人用餐时的前菜。

新鲜的鳄梨沙拉配芝麻菜 (88 元) 混合了煮熟的虾、番茄和牛油果,芝麻菜上还有鲜奶油。其中淡淡的芥末口味让这道菜变得更加清爽,还不会掩盖蔬菜的天然风味。

至于主菜,猪肉糜配甜罗勒和辣椒 (98 元) 是泰国很有人气的一道菜,在泰国常常被描述为美味的慰心食物。如果你想尝到传统的而不是添加了时尚创意的泰国美食,这道配有煎蛋、米饭和清汤的菜品是你最好的选择。每一口都感觉轻盈柔和,新鲜罗勒和辣椒的鲜美和辣味会让你如同置身于泰国本土一般。

午餐的另一个理想选择是水牛芝士汉堡 (88 元),它将一大块多汁的牛肉、新鲜的马苏里拉芝士和一些泰国罗勒搭配在一起,各种食材均衡搭配,并不会太过油腻。

这家泰式融合餐厅还提供多种"意大利"选择,包括意大利面和帕尼尼。奶油酱汁面 (98 元) 配烤扇贝和芦笋,里面奶油很多,稍微有点油腻。虽然菜单上有着各种各样的意大利菜肴,但我们还是建议你能坚定来到这家餐厅的初衷,选择这里更令人心服口服的泰国经典美食。

这里的千层蛋糕都是每天新鲜制作的。让人欲罢不能的椰子千层蛋糕 (68 元) 就是由薄薄的美味可丽饼和厚厚的椰子肉跟新鲜奶油层层叠加制作而成的。其他甜点包括泰式杧果糯米饭和泰式凉粉以及从泰国进口的各种异域水果。

灰狗潮泰意餐厅

地址 / 延安中路 1238 号静安嘉里中心南区 1 层 05 号
电话 / 5466-1399
营业时间 / 上午 11:00 至晚上 11:00(周日至周四),
上午 11:00 至清晨 1:00(周五,周六)
人均消费 / 150 元

玻璃浩室为新天地
带来融合美味

起源于香港的伽雅集团 (Gaia Group) 将玻璃浩室 (Glasshouse) 引入上海，为这里的融合餐饮风貌增色不少。继香港国际金融中心商场的第一家分店取得成功之后，玻璃浩室在新天地创办了第二家分店。

餐厅宽敞的用餐区域中装饰着各种悬挂着的植物，充满了明亮而轻快的氛围，内部空间与外部世界似乎就要融为一体。这样的装饰再结合配备齐全的家具和开放式厨房，使得整间餐厅看起来时尚又现代。

不同于其他强调某一位主厨的口味和视野的餐厅，玻璃浩室拥有多元化的烹饪团队，他们共同合作呈现出各种美味的融合菜肴。

餐厅的菜单不仅在一些亚洲美食的基础上增添一丝西方风味，反之亦然。很多菜肴都是用全麦面食、野生鱼类和新鲜香草制成的。他们采用东西方的烹饪技巧将这些食材巧妙地结合在一起，同时很好地保留了东西方各自的口味偏好和摆盘风格。

这次到访中，我按照经理的建议点了炸薯条配松露蛋黄酱 (48 元)。炸薯条非常酥脆，搭配上松露蛋黄酱十分地美味。但是，薄米饼卷烤鸭和黄瓜配甜梅汁相对逊色不少。

墨鱼面是在泰式炒河粉的基础上做出了一番创新。虽然不是传统的泰式炒河粉，但玻璃浩室的改良款却非常独出心裁。这道菜配有很多经典的中国食材，比如切碎的红绿甜椒、豆干以及洋葱。虽然有点油腻，但是不同食材丰富的层次感让整道菜的口味提升不少。

香蕉奶油布蕾配黑砂糖和黑咖啡 (78 元) 相当绚丽。这道菜盛放在一个浅盘之中，最上面是香蕉片，在浇上一杯朗姆酒，点燃之后非常好看。虽然不像普通的精致奶油冻那样有着一层酥脆的焦糖味外皮，但这道菜品中的黑咖啡搭配上香甜的奶油冻和香蕉也形成了一种独特而有趣的风味。

玻璃浩室

地址 / 太仓路 181 号新天地北里 7 号楼 1 层
电话 / 3307-0388
营业时间 / 上午 11:00 至晚上 11:00（周日至周四），
上午 11:00 至清晨 2:00（周五、周六）
人均消费 / 150 元

精致的美食酒吧 The Nest

离外滩不远的 The Nest 是上海最炫酷的地点之一。自 2014 年底开业以来，这个时尚而不矫饰的美食酒吧（Gastropub）凭借其优质的以伏特加为基酒的鸡尾酒以及北欧风格的"客厅"成了这座城市一处时尚的餐饮场所。

"我们的合作伙伴百加得公司正在寻求创造出一个可以媲美灰雁伏特加（Grey Goose）的新

品牌。"MUSE 集团旗下的 The Nest 背后有灰雁伏特加作为支持，其运营总监兼创始人马克·克里斯普恩（Marc Klingspon）这样说道，"而我的目标则是打造出一个围绕着灰雁伏特加的完整客户体验。"

The Nest 中最受欢迎的以灰雁伏特加为基酒的鸡尾酒包括 Coco Django，它是混合了椰

THE NEST

地址 / 北京东路 130 号 6 楼
电话 / 6308-7669
营业时间 / 上午 6:00 至清晨 1:00
（周日至周四），上午 6:00 至
清晨 3:00（周五、周六）
人均消费 / 250 元

子朗姆酒和咖喱粉调制而成的，以及 Le Fizz，一款加入了接骨木花浆和酸橙汁调制成的起泡鸡尾酒。

当谈及创办 The Nest 这个品牌时，克里斯普恩表示他是从在 20 世纪 20 年代初期在英国兴起的美食酒吧文化中汲取的灵感，当时英国众多邻里风格的小酒馆和餐馆都通过供应高端食品和饮料的方式来提高自己的名气。"将食物加入品牌之中，不仅是为了和鸡尾酒相互搭配，更是为了能留住客人。"他解释道。

尽管 The Nest 有着毗邻外滩的十分优越的地理位置，但它的整体氛围却是轻松而别致的，为人们在这片一直以跳舞夜总会为主的区域中提供了一个很好的选择。The Nest 内部的焦点无疑就是悬挂在吧台上方的巨大变色 LED 雕塑，它既像一个抽象的鸟巢，也很像一只飞行的大雁。

"我只是想打造出一个我自己也愿意待着的地方，"克里斯普恩说，"我很庆幸能够遇到和自己愿景一致的设计师与合作团队。后来我发现原来这座城市里还有其他人也愿意享受同样的气氛，从而才有了我们品牌的成功。"

当然，Nest 的另一个成功之处就在于高品质的酒水与菜肴。这与灰雁伏特加的成功如出一辙，因为灰雁伏特加在蒸馏酿造过程中只采用法国北部最好的小麦以及干邑地区纯净的山泉水。"独特而又无比新鲜的食材是我们烹饪灵感的关键。我们喜欢采用产自冰冷海域的海鲜、香草、

水果和浆果、腌制蔬菜、柑橘类调味品、辣椒以及专业切割后的大块熏制和炭烤肉类。"克里斯普恩说。

The Nest 的食物菜单上值得推荐的一道菜就是生蚝。"生蚝与灰雁伏特加简直就是绝配，它们都是我们品牌 DNA 的一部分。"克里斯普恩说。每周日和周一，仅需 99 元你就可以享用 12 个法国生蚝，还可以选择芬迪克莱尔生蚝 (Fine de Claire) 或皇家大卫生蚝 (David Herve)。据克里斯普恩说，The Nest 每月能售出超过 2 万个生蚝，这些来自世界各地的五六个品种的生蚝，每天晚上都有供应。

其他的海鲜菜肴也值得一试。肯纳克斯三文鱼拼盘 (128 元) 是一道不错的开胃菜。他们采用了两种不同的方式烹制新鲜的挪威三文鱼：用甜菜根、莳萝、伏特加和柠檬腌制，或用苹果木冷熏。这道菜还配有 The Nest 自制的伏特加风味俄式煎饼 (Blini)，非常厚实，黄油也很多。南极深海螯虾 (98 元) 也非常美味，他们用新鲜的新西兰大虾搭配柠檬汁、新鲜辣根以及黑珍珠皇冠鱼子酱来搭配他。

除了种类多样的海鲜类食物之外，The Nest 还有各种适合多人分享的木熏和炭烤的肉类食物。

迷人的老房子
时尚餐饮之家

近日，鳌足汇在林荫密布的汾阳路上找到了自己的新家，为其忠实的追随者们提供了相似但又不同的用餐体验。餐厅仍然保证为客人们提供全上海最好的龙虾和牛排，但现在，你将有机会在一栋很有韵味的上海老别墅里享用葡萄酒和美食。

我最近的一次到访是在某个星期日的中午时分，当时的气温高达 38 摄氏度。这家两层餐厅内部装饰做得很好——老欧式的魅力与现代家具和简约风格完美地融合在一起。阳光充足的一楼是享用周末早午餐的理想场所。我的这次

早午餐之旅没有选择十分常见的血腥玛丽，而是以一杯清爽的鸡尾酒开始。Lime-a-Lekker（70 元）是酒水单上的新品，值得一试。

这杯令人愉快的夏日鸡尾酒中混合了杜松子酒、酸橙、糖以及比特酒，杯口上还蘸有饼干末。这款酒水是这家餐厅的资深调酒师从一位老主顾身上找到的灵感。当时那位客人要求在酸橙汁上放一块和情焦糖饼干（Lotus Biscoff），然后他就调制出了这款鸡尾酒。

食物菜单同样有很多香甜美味的菜肴。由于这家餐厅的主要特色仍然是鲜活的龙虾，所以我

BULL & CLAW

地址 / 汾阳路 110 号
电话 / 3356-7608
营业时间 / 上午 11:00 至晚上 12:00
人均消费 / 250 元

选择了班尼迪克龙虾作为这次美食之旅的开胃菜。现如今，班尼迪克蛋已经成了早午餐中非常出名的一道菜品，它是在英式松饼上面加入荷包蛋、火腿和荷兰酱做成的。而这道菜也经常被各地的主厨们当作重塑的素材，包括鳌足汇在内。

这里的班尼迪克龙虾无疑是正宗的。荷包蛋只需要轻轻一碰，里面的溏心蛋黄就流出来了，而鸡蛋上面的整个大块的龙虾尾也非常嫩，黄油也很浓。我也很喜欢烤夏巴塔面包配捣碎的鳄梨和菲达芝士、荷包蛋以及熏鲑鱼，这道菜还有芝麻菜和腌制的樱桃番茄作为配菜。如

果你正渴望着美味的食物，它是一个很好的选至于甜点，我和朋友一起尝试了这里的华夫饼和法式吐司。我更喜欢温热的华夫饼，因为它只搭配了枫糖浆和蜂窝奶油。而法式吐司虽然配有肉桂调味的香蕉、枫糖奶油和花生碎，却没有给我留下很深的印象。

早午餐有几种不同的选择。一道菜的价格为85元，两道菜145元，三道菜则是165元。如果你选择龙虾类的菜肴或着鳌足汇特色早餐，价格还会更高。对于那些喜欢从早午餐时间开始就不停喝酒的人来说，这里的豪饮（148元）或尊享豪饮（218元）都值得一试。

星级主厨呈现创新而美味的
素食盛宴

在上海的某个冬夜，来自于奢华的阿姆斯特丹华尔道夫酒店旗下米其林二星级餐厅 Librije's Zusje 的名主厨西德尼·舒特 (Sidney Schutte) 在大蔬无界·上海外滩和美馆上演了他的美食魔法。这次他和上海这家素食餐馆合作，并与总厨一起制作呈现了一份融合了东西方烹饪技艺的特制菜单，又一次将素食主义菜肴推向极限。

舒特的天分在由应季农产品做出的无肉食菜肴中显露无遗。"我的素食主义烹饪风格是尊重食材。我尝试以自己在厨房会用到的各种烹饪技巧来推进素食主义美食的发展，比如浸渍、烟熏、发酵、卤制、烤制等等。这些烹饪方式也能像肉食烹饪那样激发出素食食材的风味，所以非素食主义的客人在享用这些素食菜肴时并不会去想念肉食的美味。除此之外，素食菜肴也有众多令人振奋的口味搭配，我觉得这一点也非常重要。创造全新素食菜肴的过程中，其实和制作肉食菜肴时具有同样多的、各种富有创意而又美味的食材搭配。你唯一需要做的就是打开大脑，敢于想象，打破固有的思维模式，然后尝试更多不同的口味搭配以及烹饪技巧就可以了。如果在尝了自己创新素食菜肴后，我不禁发出了'哇哦'的赞叹声，那么它真的就是那般的美味而又让人心满意足了！"舒特解释道。

舒特在这次活动中呈现给大家的几道菜肴也是非常的独出心裁而又别具一格。南瓜酸奶配烟熏西葫芦、咖喱、甘草汁以及焦糖南瓜籽这道菜就非常精致而又美味。主菜家传胡萝卜是由各种风味的胡萝卜制作而成的。"我想让大家知道只用胡萝卜也可以做出很多不同的口味。这道菜结合了莳萝、酸奶、梨以及腌渍的郁金花球茎。腌渍的郁金花球茎是特别而又经典的荷兰食材，它们至少需要腌制 3 个月的时间，而且是腌制的时间越长，烹饪的时候就越美味。"

"我坚信在未来的日子里人们必将食用越来越多的素食菜肴。理由有这样几点：首先就是健康因素，现在的人们摄入了过量的蛋白质，这是不利于健康的。另一方面，人们饲养的猪、牛以及禽类在总量上已经过剩。为全世界的人供应有机食物是不可能的，但人们对肉食的需求却是越来越旺盛，所以就需要找到一个方法能以最小的代价继续维持这些动物的生长。

这一点让我非常地担忧。同时，我也庆幸自己对当地农民以及食材的来源有所了解，可以用当地最新鲜的有机食材进行烹饪。"

158 坊中桑巴风格美味的
Boteco

说到在 158 坊这样的新潮生活方式中心之中享用休闲一餐的话，人们并不难找到价格合理同时又不矫饰的餐厅和酒吧。位于 158 坊一个角落中的 Boteco 凭借其美味可口的巴西风味美食和饮品吸引着上海的吃货们一次次来到店里。

Boteco 可谓巴西国内那些下班后打发时光之场所（当地的酒吧）的典型代表，可以吃到正宗的点心和小零食以及分割肉等各种美味的食物。Boteco 的创始人法比亚诺·孔艾罗（Fabiano Coelho）和杰拉德·托马兹尼（Geraldo Thomazini）表示，这些年生活在上海，他们非常怀念那些美味的酒吧小吃、真正的凯匹林纳鸡尾酒 (Caipirinha)、令人震撼的氛围以及拉丁音乐。孔艾罗说："上海没有像巴西老家那样的酒吧——休闲、朴实而又正宗。"为了给巴西人、拉丁人乃至上海本地人提供一个"真正的"酒吧，他从家里带来了一些工艺品来增添这里轻松的氛围。

首先，世界闻名的巴西鸡尾酒凯匹林纳是你应该点的。Boteco 提供的可能是上海最好的凯匹林纳了，它是由卡莎萨制成的，巴西人的做法是在朗姆酒中加入新鲜的甘蔗汁而不是糖浆。优质的酸橙和白糖、冰块混合在一起，再加入一份利口酒，你就会尝到夏季最清爽的鸡尾酒。他们还在经典凯匹林纳的基础上提供不同的口味，比如加入了姜和丁香的凯匹林纳，或益力多(Yakult)、草莓、菠萝以及其他水果口味。

在喝巴西人最爱的鸡尾酒时，别忘了点上酒吧里的小吃，包括烤奶酪面包 (Pao de Queijo) 和炸鸡肉丸 (Cotoxhas)。木薯粉制成的可口奶酪泡芙都是刚从烤箱中出炉的，而雨滴状的炸鸡肉丸则是用腌制的鸡肉丝做成的。我更喜欢在这些油炸小吃中加入一点儿辣椒油，这样会让我不禁去吃下一块。黑豆配炸培根 (Bolinho de Feijoada) 也是一种选择，它是酥脆的，可以让你以另一种方式品尝巴西国家菜"黑豆餐 (Feijoada)"，即丰盛的黑豆炖菜。

Boteco 提供各种巴西酒吧小吃。至于更丰盛的餐点，你可以选择来自圣保罗市场上的经典三明治 (Mortadela com Queijo) 配有番茄酱和烤芝士的涂面包屑牛排 (the Steak Milanese)，或者是巴西经典的分割烤肉配油封洋葱，还有米饭、调味黑豆和薯条作配菜。

周五和周六 Boteco 会举办"桑巴之夜"活动，在这里你不必远游就可以和他人一起享受拉丁风格的激情舞蹈。

BOTECO

地址 / 巨鹿路 158 号
电话 / 159-2138-7107
营业时间 / 下午 5:00 至晚上 12:00
（周二至周四）；下午 5:00 至
晚上 2:00（周五至周日）
人均消费 / 120 元

将法国风味带到新华路

自三年前 Bistro 321 le bec 餐厅开业之后，绿树成荫的新华路开始拥抱法国风情。最近，这条街上又有一家新店在 Bistro 附近开业了，使得这片区域成了体验法国美食的理想目的地——从巴黎早餐到开胃酒以及之后的晚餐。

由 Bistro 321 le bec 和 Nicolas Le Bec 背后的同一位主人所创办的 Epicerie & Caviste 62 le bec 是法国美食和葡萄酒的天堂。它的主厨每天都会挑选并创造出极佳的法国熟食产品。所以任何一个住在上海的法国人都会

觉得这里的口味和家里一样正宗。具有巴黎风格的美食店（Epicerie）还有着一个酒窖（Caviste），在那里可以你从各种各样的价格标签和法国的所有葡萄酒产区中找到令人兴奋而有趣的葡萄酒。

在创办 Bistro 321 le bec 之前，尼克拉斯（Nicolas）开了一家进口精选法国葡萄酒的葡萄酒公司。Nicolas 在里昂长期经营他的米其林两星级餐厅期间就曾和大多数酿酒师合作过。与葡萄酒生产者的直接联系是他们以合理的价格提供优质葡萄酒的原因。只有在这里才能找到一些精品葡萄酒的酒标。

精心设计的品鉴室用于尝试不同的葡萄酒和冷盘。有着金属色调的家具时尚而舒适，和沿墙摆放整齐的葡萄酒冰箱相得益彰。从 150 元一瓶的红葡萄酒和 180 元一瓶的白葡萄酒开始，不同的价格在冰箱上都有着清楚的标示。根据客人不同的预算，这里提供 25 种精选的参考酒水。Epicerie & Caviste 的合作伙伴吉劳梅·杜（Guillaume Tu）总是在现场指导客人选择一瓶理想的法国葡萄酒。"我们并不是要成为一个葡萄酒酒吧，而是一个葡萄酒商店，在这里人们可以找到价格适中的葡萄酒然后带回家享用。不过，这里也是最理想的场所——在这里打开一瓶酒，与朋友一起享受下班后的时光或享受晚餐前的开胃酒。"他说。

我非常喜欢自己在酒窖 (Caviste) 点的法国开胃酒。我选了三罐 le bec 得以闻名的不同的酒。这里的三文鱼、鲱鱼配洋蓟、橄榄油绝对是无比美味的，在上海也是比较罕见的美食。再搭配一杯勃艮第的霞多丽 (Chardonnay)，餐食的每一口都让我很享受。

法国香槟地区 (Champagne) 的招牌菜油酥面包肉派 (Pate en Croute) 是必须尝试的一道菜。外面裹着一层面包脆皮，由鸡肉、猪肉、鹅肝和羊肚菌 (Morel) 混合在一起的 Pate 美味而细腻，与法式长棍面包可谓绝配。

EPICERIE & CAVISTE 62 LE BEC

地址 / 新华路 62 号
营业时间 / 上午 10:00 至晚上 10:00
人均消费 / 200 元

保持健康、休闲和独特

摩卡站 (Moka Bros) 餐厅从北京那里花园 (Nali Patio) 综合商场中的第一家分店开始就积累了不少人气。在那里，时尚的人们可以选择一天中的任何时间到访，在轻松的氛围中享用快捷食物和饮品。北京发家的这个健康休闲快餐餐厅终于来到了上海，将第一家店开设在了市中心襄阳北路的襄阳公园对面。这个150平方米的餐厅外加一个200平方米的拉丁风格露台，一年当中的任何时间来到这里，你都可以悠闲地品尝这家餐厅非常有名的健康冰沙和鸡尾酒。自开业以来，附近的职场人士经常来这里享受一顿健康的午餐或长时间的休息，使得这里成为远离公司办公室的"私人办公室"。

摩卡站餐厅有着漂亮、现代而又时尚的内部环境。共有150个座位的室内外空间结合了现代和复古材料，比如白色地铁瓷砖、三合板、混凝土和金属。针对那些只是想要用美味饮品放松身心的人们，角落里还摆放了懒人沙发。整个菜单都是围绕着吃着健康和感觉舒服而开发的。

"我们知道更健康的生活方式意味着给不同的人吃不同的东西，"曾在加拉加斯烹饪学校和巴塞罗那霍夫曼烹饪艺术学院学习烹饪的主厨丹尼尔·乌尔丹内塔(Daniel Urdaneta)说，"我们相信搭配均衡，即通过健康和重视口味、多样性及新鲜度的菜肴，才能实现吃得健康。摩卡站并不提倡节食。我们会仔细选购的新鲜农产品，没有任何添加剂或防腐剂、非油炸、并且使用更少的盐和糖。"他已经在委内瑞拉、迈阿密和巴塞罗那贯彻过他的理念，最后是在北京。

乌尔丹内塔认为，厨师的真正能力应该在于将他的技能和影响力转化为自己的风格——一种真正无羁的风格。这里的菜单是以主厨良好的烹饪背景和丰富的全球美食知识为基础，包括了卷饼、沙拉、三明治、米饭和面条。

以米饭和面条为基础的"能量主食 (Power Bowls)"是这里的招牌菜。可以可以选择不同的主食，如红米、糙米、黑米、藜麦或面条。我尝试了墨西哥风味饭(Mexico Bowl)(68元)，里面有红辣椒粉腌制的鸡柳、糙米、番茄、鳄梨、烤洋葱、墨西哥胡椒(Jalapeno)、黑豆、玉米和香菜——健康且味道丰富。

摩卡站

地址 / 襄阳北路 108 号 101C
电话 / 3669-6090
营业时间 / 上午 10:30 至
晚上 10:00
人均消费 / 120 元

摩卡站所有的食材从备料开始，不但避免使用防腐剂和添加剂，而且还配有能量食物，如富含蛋白质的全谷物和用于冰沙和沙拉的抗氧化蔬菜。

酒水单上提供了各种各样的选择，以搭配从早餐到晚餐的各种正餐和小吃。店内提供自己烘焙的哥伦比亚咖啡、Papp's 时尚混合茶，以及健康的冰沙、奶昔和葡萄酒、鸡尾酒。柜台点单的员工充满活力，所以服务很快。大型的中央开放式柜台中展示着各种自制蛋糕和一直在运转的榨汁机。

葡萄酒与融合美食爱好者的
时尚选择

De Carbon Bar 位于南京西路上，是一家全新的烧烤吧，提供创意鸡尾酒、葡萄酒和融合风格的菜单。

内部空间有着工业风格的装饰和昏暗的灯光，为上海的美食和葡萄酒爱好者营造了一个欢快而时尚的氛围。菜单融合了东西方烹饪风格。

例如，慢烤鸡肉有腐乳作为蘸酱（半只鸡 118 元），炭烤意大利面配黑蒜油、乌鱼子、松露酱、慢煮蛋（128 元）。

说到开胃菜，羽衣甘蓝沙拉配蔓越莓、橙子、南瓜籽、菲达奶酪和蜂蜜芥末酱（68 元）是一道令人愉快的清爽菜肴，可以让味蕾活跃起来。

吧台美味的鸡尾酒可以搭配鱿鱼须配清酒和柠檬油 (68 元) 一起享用，那是一种有着浓郁烟熏风味的微酸开胃菜。多春鱼配土豆和鳄梨酱 (58 元) 味道丰富，是另一个不错的选择。

野鸭拼盘 (198 元) 是一道适合 2~3 人分享的主菜。它包括份量十足的烤鸭胸肉和两个法式油封鸭腿。这道菜配有一份墨西哥胡椒辣酱。总地来说，精心腌制的鸭腿绝对是一场胜利，但是鸭胸肉有点干，味道不足，并且蘸酱偏酸。但是客人可以从菜单中选择自己最喜欢的蘸酱 (每份 15 元)，包括烤洋葱生姜酱、酱油清酒辣酱和腐乳酱等创意食谱。

对于海鲜爱好者来说，烤大比目鱼配自制香草油 (248 元) 和烤蛤蜊配甜虾、贻贝、玉米、香肠和蘑菇 (248 元) 也都是可以一起分享的好选择。价格为 38 元或 48 元的蔬菜都很美味，特别是刀豆配切碎的芝麻菜和帕尔马干酪 (38 元) 的串豆。

De Carbon Bar 的亮点无疑是它的木炭烧烤，店里使用的都是备长炭 (Binchotan)，一种由橡木制成的、含碳量高的日本白炭，为肉类和蔬菜增添了一种迷人的烟熏风味。厨房还配有摄像头，客人可以通过大型平板电视上看到食物烧烤的全过程。

De Carbon Bar 是 Opposite by Jenson & Hu 的姐妹品牌，那是一年前在建国路和嘉善路附近开业的餐厅。两家餐厅都强调从原产地直接采购新鲜食材，如来自青岛的海鲜和来自中国东北部地区的和牛牛肉。

天气晴好的时候，客人也可以坐在室外，在自然的微风中享受美食和葡萄酒。

DE CARBON BAR

地址 / 南京西路 688 号 104 单元
电话 / 6227-7757
营业时间 / 午餐: 中午 11:30 至下午 2:30;
晚餐: 下午 5:30 至晚上 10:30;
酒吧: 下午 5:30 至晚上 12:00
人均消费 / 260 元

饮品和甜点

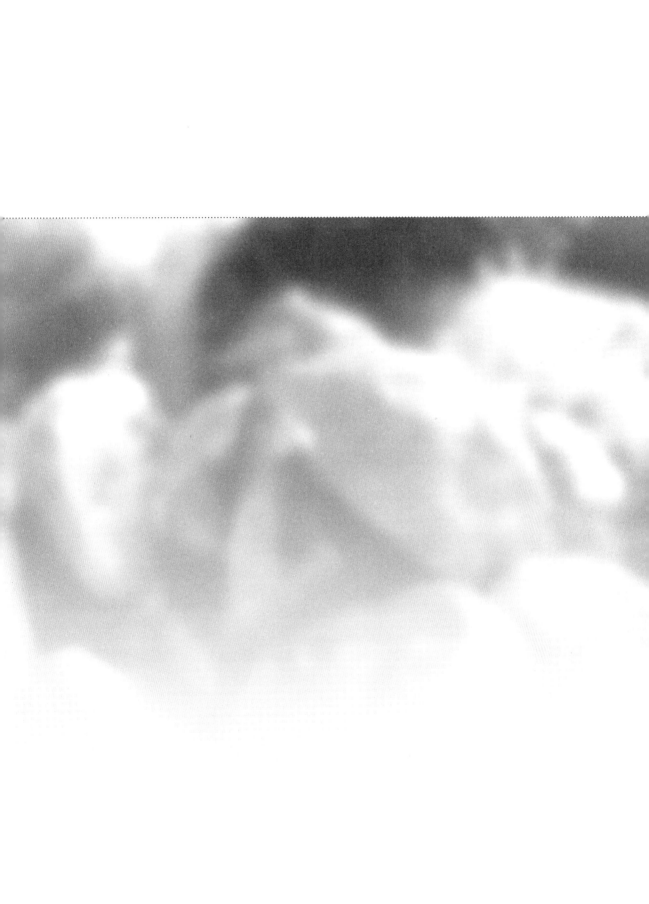

长乐路时尚咖啡遍览

又见咖啡

又见咖啡

地址 / 长乐路 386 弄 1 号
电话 / 158-0051-8426
营业时间 / 上午 9:30 至晚上 8:30
推荐 / 手冲咖啡、抹茶拿铁

掩映在长乐路老住宅区中的这间惬意雅致的咖啡馆，可能你曾无意之间从旁走过。阳光会从门边的法式窗户和好看的玻璃屋顶涌入，点亮整个咖啡馆。

光线勾勒出两大区域：阳光明媚的咖啡店前部与相对昏暗的角落。白色砖墙上装饰着各色相框的油画，架子上放满了各种书和杂志。店主亨利 (Henry) 说，周末的时候店里顾客盈门，络绎不绝，而工作日的下午则会清净很多。

菜单的内容非常简单直接。店里展示着用于制作手冲咖啡的咖啡豆，价格在 35 至 48 元之间。每一杯单品咖啡都是经由 V60 滤杯——一种锥形咖啡用具制作完成的。

如果，你不想摄入任何咖啡因的话，除了各种咖啡饮品，你还可以尝试一下价格为 30 元的抹茶拿铁，它采用了产自日本的若竹抹茶。咖啡店每天上午 9:30 开始营业，而在工作日的

中午 12:30 之前，通过饮食评价类应用进行在线支付的话，还会有 40% 的折扣。

LE PETIT 咖啡

地址 / 长乐路 1131 号
电话 / 136-3658-0727
（支持外卖）
营业时间 / 上午 9:00 至下午 6:00
（周一至周五），上午 10:00 至
下午 6:00（周六、周日）
推荐 / 手冲咖啡、茶

Le Petit 咖啡

在开业后的短短三周时间里，Le Petit 咖啡馆就因其令人耳目一新的北欧装饰而在网络上名声大噪。黄白的主题色调十分引人注目。这间小巧却精致的咖啡馆被分成了两层——上层有着舒适的榻榻米座位，可是在上去的时候要留心，别被低矮的天花板碰到了头。在入口处，

沿街靠窗的双人座位可是抢手之座，那里是逃避烈日、沐浴春风的绝佳之处。

店里提供十分超值的团购订单：一份四片的华夫饼再加上两杯拿铁仅需 39.8 元。当然，如果你喜欢的话，还可以选择用茶来代替咖啡。店里提供精选的散茶，比如云南古树茶 (黑茶)、茉莉银针、台湾金萱乌龙茶以及桔普茶。店主

菜菜，在决定开一家属于自己的咖啡馆之前，就已经是一名咖啡师了。单品咖啡豆和基于意式浓缩的综合咖啡，都是由店主的一位朋友烘焙的。

目前，店里可用于制作手冲咖啡的单品咖啡豆包括耶加雪菲（Yirgacheffe）、哥斯达黎加（Costa Rica）、肯尼亚（Kenya)AA+ 以及烛芒（Drima Zede）（来自著名的美国咖啡贸易商 NinetyPlus 的副品牌 LevelUp）。每一杯 240 毫升的手冲咖啡价格在 30 至 38 元不等。

烛芒，是菜菜的最爱，它有着沁人心脾的植物芳香，同时又蕴含着纯净而又强烈的莓果口味。随着咖啡渐渐变凉，你将体会到如黑巧克力一般的甘甜。

分享咖啡

这家只做外卖的咖啡馆在上班族和本地人中很有名气。"我们的顾客 80% 都是老客户了。"在咖啡行业已经从业十年的店主茜茜笑容满面地说。自开业以来，菜单的主体部分一直没有变过——基于意式浓缩的咖啡以及果汁。针对夏天的季节菜单则会很快更新。"我很喜欢用牛油果，"茜茜说，"新的季节菜单里会增加水果奶昔和冰沙。"

如果你正寻求着借由咖啡因的推动来开始一天的工作，那么可以试试多加一份的 12 盎司平白咖啡（21 元）。其中浓缩咖啡的含量大

约有 70 毫升, 而供选的脱脂牛奶则是免费的。茜茜说店里的综合咖啡是她的朋友用自己独特的配方烘焙而成的。一包 454 克的咖啡豆 116 元。店里还提供"菜单外服务": 只要有原料, 顾客可以点任何东西。

分享咖啡

地址 / 长乐路 962 号
电话 / 138-1800-1072
营业时间 / 上午 7:00 至下午 8:00
推荐 / 平白咖啡（双份）、季节特色饮品

慢点咖啡

地址 / 长乐路 622 号
电话 / 138-1711-5395
营业时间 / 上午 8:30 至晚上 8:30
（周一至周五）, 上午 9:30 至晚上 9:30（周六、周日）
（提供外卖服务）
推荐 / 冰滴咖啡、特色苏打

慢点咖啡

当你徜徉在长乐路上, 你可能会错把慢点咖啡当作另一家只做外卖的咖啡馆。但店家确实有提供几张桌子, 尽管它们之间挨得很近。这家店有着面朝街道的柜台, 方便行人快速点餐。

和大多数咖啡馆不一样的是, 慢点咖啡采用全自动咖啡机制作现煮咖啡。"使用咖啡机, 可以让我们在每次制作咖啡的时候, 都能容易地得到准确的口味。"小林这样说道。店里现存的单品咖啡豆种类很多, 而小林自己则更喜欢低酸度的咖啡豆。"我现在用的肯尼亚咖啡豆有着十分柔和的酸味。"小林说。

随着夏日的临近, 慢点咖啡的招牌——限量冰滴咖啡（根据豆子种类, 价格在 35 至 45 元不等）每天很快就会售罄。"我会每天换一种咖啡豆来做冰滴咖啡。"小林说。随着温度的攀升, 定价 28 元的特色苏打也愈来愈受青睐。如果你喜欢西柚的话, 这里的西柚苏打可是不容错过。

小林来自宝岛台湾, 因此店里也售卖各种茶水, 包括白桃乌龙、玫瑰水果绿茶、清香桂花茶。

用爱做出的美味肉桂卷

Cinna Swirl 位于愚园东路上一家三明治店与一个日式烤鸡居酒屋之间,这家小面包店只烘焙一种食物——新鲜美味的肉桂卷。

绝大多数人都很喜欢这里的肉桂卷。这家店成功运行一年多的事实很好地证明了面包店即使只供应一种美食也是可以行得通的。

提出这种想法的正是希德(Heather)和杰瑞德·特纳(Jared Turner)夫妇,他们是从美国犹他州来到中国的,然后在上海定居了下来。在创办静安寺附近的这家正式店铺之前,他们都是在自家厨房里将肉桂卷做好,然后派送给下单的客人的。

店里的空间十分狭小,只有一张小桌子和两把椅子,大多数人点单之后都会选择带走。肉桂和焦糖的香甜气息弥漫在空气中,让路过的人忍不住想买一个。

这里有六种肉桂卷可以选择——经典、迷你、焦糖苹果、焦糖碧根果、提子以及核桃,它们全都是在这家小巧的店铺里新鲜制作、当场烘焙的。经典肉桂卷的价格为一个 15 元,6 个 75 元,而另一种特色小面包则是 21 元一个(6 个 95 元)。一盒 12 个的迷你卷需要 85 元。

价格可能都不便宜,但只要你尝过之后,一定会回来买更多。肉挂卷的面团非常柔软,里面装满了肉桂和坚果。这里有芝士和焦糖两种口味供你选择,你还可以选择糖霜的量,整个卷都洒满或者洒薄薄一层都可以。糖霜也都是自制的,口感甜美新鲜。

提子、焦糖苹果和焦糖碧根果三种卷每天很快就卖完了,所以如果你喜欢这几种口味的话,一定要早一点儿来店里或者在网上下单。这里的饮品只有咖啡和果汁,非常适合在路上吃早餐的人们。这家店还通过 Mealbay 提供付费外卖服务。外卖服务需提前至少两个小时下单。

CINNA SWIRL

地址 / 愚园东路 32 号
电话 / 138-1717-3245
营业时间 / 上午 8:00 至下午 6:00(周一至周五),
上午 9:00 至下午 5:00(周六、周日)
人均消费 / 25 元

高端甜品店
带给你甜蜜回忆

近日某个周五的下午，Chikalicious 里一如往常地坐满了中国的年轻姑娘们。这家主打甜点的店有着精致而优雅的淡色装饰。如果你能在吧台旁找到位子坐下的话，那么你将亲眼见到糕点主厨毛罗·波波利 (Mauro Pompili) 和玛雅 (Maya) 全情投入地制作每一碟甜点。

位于新天地南面的这家店有两层空间，包括一个户外区域。二楼是仅有 32 个席位的更加私密的甜点吧，提供固定价格的甜点和推荐搭配的葡萄酒。

我在这家餐厅体验了 Chikalicious 美食。并且见到了店主朱先生 (Demos Zhu)。朱先生是杭州人，他在纽约上大学的时候就曾是

东村 Chikalicious 的常客。他告诉我："纽约的东村 Chikalicious 改变了我对甜点的看法，我曾以为甜点只会出现在西餐的最后一道程序。我们这里的宣传口号是'创造甜蜜回忆'。我希望这里的人们也能像我当年那样爱上 Chikalicious 的甜点。但是在那里，人们可以有更好的用餐体验，吃到由新鲜食材制作而成的、不添加任何果酱、稳定剂或是其他添加剂的精致甜点。"

我选择了靠窗的位子坐下以便能俯瞰笼罩在一片圣诞氛围中的新天地，然后从品尝菜单中选择了最新开发的甜品套餐 (188 元，不含饮品)：鲜草莓配柚子奶油、罗勒琼脂、草莓清汤以及番茄冰沙。这个套餐建议搭配一杯来自意

大利潘丽赛罗酒庄的莫斯卡托阿斯蒂白甜起泡酒。朱先生说为了保证顾客能有一次完美的用餐体验，他们的团队为每一款甜点都精心挑选了一种葡萄酒作为搭配。

甜品套餐的第一道是小份的餐前小点——柠檬草果冻配酸橙冰沙，它有着振奋味蕾的热带芳香和均衡口感。主盘点心也很精致，浅色的柚子奶油浮在当天制作的鲜草莓汁里，再搭配上番茄爽口冰沙，真是无比的美味。主厨们喜欢将蔬菜类的食材与甜点搭配在一起，发挥他们无限的想象力，以便创造出更新的甜点配方。这里的甜品可能分量确实不大，但它们都非常的精致美味而又独一无二。与二楼不同，一楼提供的是单点服务，上面有

很多 Chikalicious 的招牌甜点，比如格雷伯爵茶—白巧克力慕斯配覆盆子蛋糕 (78 元)、抹茶千层蛋糕 (78 元)。如果你是第一次来 Chikalicious，不妨试试二楼的甜品套餐。

CHIKALICIOUS

地址 / 兴业路 123 弄 5 号新天地 106 单元 205a 号
电话 / 6333-9233
营业时间 / 上午 11:00 至晚上 11:00（一层），
下午 2:00 至晚上 9:00（周三至周日，二层）
人均消费 / 200 元

如果有着足够时尚炫酷的内部设计或者理念，那么一家咖啡馆就可以化身成为一座实验室或者是人们在科幻电影中才能看到的未来主义场景。找一席座位点上一杯饮品然后慢慢品尝，或者只是来一张自拍然后发到社交网站上。

在时尚的环境和氛围下畅饮

SIMPLY BETTER

地址：新闸路 1321 号
电话：182-1722-4363
营业时间：上午 8:00 至晚上 8:00
推荐：每月特色饮品，仅供柠檬汽水

Simply Better

实验室风格的 Simple Better 咖啡馆采用淡灰色作为主色调，被看作是对冷淡的一种诠释。就连这里的食品托盘也都是外表呈灰色的不锈钢制品，淡定而雅致，会让你联想到牙科医生。

这家咖啡馆是由来自韩国的权熙珍与她的商业伙伴张先生一起创办经营的。店如其名，这里的菜单也非常简单。你可以选择基于意式浓缩的各式咖啡以及其他精选的招牌饮品，包括柠檬汽水、奶茶、冷淬咖啡和适合小朋友的宝贝奇诺 (热牛奶 + 奶泡 + 可可粉)。

柠檬汽水 (35 元) 是装在有螺盖的玻璃罐中售卖的，其中一半为柠檬汁，另一半苏打水，是在客人点单之后现场混合在一起制作而成的。这杯起泡饮品非常清爽提神。

Dirty (手冲渐变) 咖啡 (45 元) 是权女士从韩国引进的一种新概念的咖啡。这种咖啡是采用两份美式咖啡搭配新鲜奶油制作而成的。奶油上还撒了榛子巧克力碎末和可可粉。这杯咖啡"凌乱"的外表和这家店"洁净"的装饰

会让你感到十分强烈的差异。喝上一口，清爽的甜奶油很好地平衡了咖啡的口感，两者都在取悦着你的味蕾。Green Snow 是在 Simply Better 的招牌冷萃咖啡上再加一层抹茶口味的奶油制作而成的。这家的综合咖啡采用了五种咖啡豆，包括巴布亚新几内亚 (蓝山)、危地马拉、埃塞尔比亚、肯尼亚和也门摩卡。

Tea Break

Tea Break 是新闸路上最新开业的一家咖啡馆，它有一块非常漂亮的户外沿街用餐区域。咖啡馆内，从竹叶状百叶窗中透出的暖黄色灯光恰

到好处地平衡了墙壁灰冷格调。店内这些天然的原色与外观设计让客人一下子与这座城市的节奏合上了节拍。在这里供应的各种茶水中做出选择，让自己冷静片刻。除了传统的使用单品茶叶冲泡的茶水外，比如普洱、铁观音 (乌

龙茶的一种) 和云南黑茶, 这里还供应精选的以茶水为基础的创新饮品。

如果你喜欢顶部有奶油的茶或咖啡, 甘菊柚子绿茶 (15 元) 是一个不错的选择。顶部的奶油是用新鲜牛奶制作而成的, 尽管品上去味道比较淡, 但非常蓬松。奶油大概有 4 厘米厚。柚子很好地缓和了甘菊浓重的口味, 使得这个在西方国家十分经典的睡前茶水别具一番风味。

这里的水果茶使用的都是现切的水果丁。比如, 杧果西柚柠檬乌龙茶 (18 元) 就是由西柚与杧果块、柠檬片和清淡的乌龙茶混合制成的。这两种饮品使用的都是冷茶水。对于喜欢含气泡饮品的人来说, 这里的低卡路里风味苏打茶可谓是炎炎夏日的午后里最佳的选择了, 比如茉莉龙井薄荷茶 (14 元) 和桂花柠檬乌龙茶 (14 元)。

TEA BREAK

地址 / 新闸路 1313 号
电话 / 159-2199-8792
营业时间 / 上午 10:00 至
晚上 8:00
推荐 / 甘菊柚子绿茶

XSPACE

新咖啡 (Xin Café) 旗下的 XSPACE 咖啡馆坐落于南京西路后面一幢不起眼的建筑之中。店内未来主义的装饰风格会让你想起 2010 年上映的迪士尼电影《创：战纪》。店内十分宽敞的用餐区域被一个 LED 灯光照明的走廊分成了两个部分。这里非常安静, 同时还兼有多种功能, 是商业人士、自由职业者和想要静静读书的人的理想选择。

这里的服务还是非常令人满意的。你可以选择现场烘焙的咖啡 (基于意式浓缩的各种咖啡和手冲咖啡)、果汁以及小点心, 比如很受欢迎的栗子糕 (35 元)。

XSPACE 还提供房间租赁服务。这家占地 300 平方米的咖啡馆里有两间独立的会议室。每间会议室的面积为 36 平方米, 租赁费用为 600 元每小时, 赠送点心和饮品。

XSPACE

地址 / 江宁路 77 号 3 层
电话 / 5299-2061
营业时间 / 上午 9:00 至晚上 10:00
推荐 / 栗子糕

冰淇淋是许多人夏季降温的首选。我们在这座城市里找到了三家专业的冰淇淋店,它们都有一些别出心裁的冰淇淋售卖,不仅能放松你的心情,还能愉悦你的味蕾。接下来我们一起去看看吧!

我们都爱冰淇淋……

AL'S DINER & GRACIE'S ICE CREAM

地址 / 新乐路 204 号(靠近东湖路)
电话 / 5465-1259
营业时间 / 上午 9:00 至中午 12:00
优惠 / 每周三下午 5:00 开始
买一赠一
推荐 / 莓香醋乳酪口味,麦芽海盐巧克力口味

Al's Diner 餐厅与格蕾丝的冰淇淋

尤以薄煎饼最受人欢迎的 Al's Diner 餐厅其实还有着另一个特色——格蕾丝的冰淇淋。这家餐厅每天都会供应 16 种口味的冰淇淋。这些手工冰淇淋的配方都是由这家餐厅的合伙人格蕾丝开发出来的。

你可以在这里找到很多新口味冰淇淋。最受欢迎的两种口味分别是麦芽与海盐巧克力口味以及伦敦雾 (London Fog)。前者尝起来就像是压碎了的冷冻麦提莎巧克力球。里面的海盐恰到好处地平衡了冰淇淋的甜味。如果你更喜欢纯粹的糖与奶油制品,不妨试试这里的半烤曲奇饼,它会让你想起自己的童年——舔勺子和搅拌碗的背面。伦敦雾是由格雷伯爵茶制成的。

浓烈的茶香让人难以忘怀,柔滑却又清淡。草莓香醋乳酪口味冰淇淋使用的是新鲜草莓而非冷冻品,所以你很可能会吃到一个颜色深浅不同的冰淇淋球。这款冰淇淋里添加了少许的意大利香醋,如此别具一格的搭配更加突显了草莓的新鲜。

这里还供应四种不含牛奶的冰淇淋:杧果椰子口味、橙子冰糕口味、柠檬杏仁冰糕口味以及草莓柠檬汁口味。对于喜欢柔滑口感的人而言,这里的椰子口味冰淇淋是理想的选择。这里的冰淇淋一勺价格为 30 元,两勺 50 元。华夫饼碗和蛋筒需要额外收费。这里还卖冰淇淋桶,一杯的价格为 30 元,一品脱则需要 90 元。

Pierre Marcolini

世界顶级的巧克力大亨皮埃尔·马尔科利尼 (Pierre Marcolini) 刚刚在上海创办了自己的第三家分店,并推出了它的最新服务:让客人自己制作冰淇淋。巧克力大亨马尔科利尼凭借其供应的精致巧克力以及为了制作出这些美食而去采购最优质可可豆的热情而闻名于世,这一次它带来了无奶巴西杧果、覆盆子冰糕、马达加斯加香草以及抹茶四种口味的冰淇淋冰棒,一律 58 元。

这里有六种不同口味的巧克力涂层:黑巧克力与可可粒、牛奶巧克力与杏仁、白巧克力、抹

PIERRE MARCOLINI

地址 / 南京西路 1266 号 B1 层
电话 / 3220-5981
营业时间 / 上午 10:00
至晚上 10:00
推荐 / 黑巧克力涂层的抹茶冰棒、
茉莉花红果罐装冰淇淋

茶巧克力、覆盆子巧克力和焦糖开心果。"在涂了一层巧克力之后，冰棒将被放回冰箱里再冷冻一分钟。"马尔科利尼表示："这一过程有助于涂层变得坚固，从而形成脆皮巧克力涂层与松软冰淇淋之间的鲜明对比。"

我强烈推荐你点 75% 的黑巧克力涂层，因为它可以很好地平衡冰淇淋的甜度，再搭配上耐嚼的可可粒，口感无比的美妙。这里供应的冰淇淋不但配方中的含糖量少，而且体积也小，所以不会让你产生任何罪恶感。

如果你喜欢用勺子吃冰淇淋，你可以选择 75g 的罐装冰淇淋 (58 元)，它有五种口味：茉莉花红果、香草巧克力之家、海盐焦糖黄油、榛仁巧克力以及巧克力之家。所有的冰淇淋都是从国外进口的，而巧克力涂层则是在 K11 的"厨房"里制作完成的。

CASA DI SORBETTO

地址 / 宝庆路 10 号
电话 / 6422-8853
营业时间 / 上午 10:00 至
晚上 10:00
推荐 / 乌龙茶口味冰淇淋,
鸟巢杨枝甘露冰淇淋

Casa Di Sorbetto

开业仅一个月的 Casa Di Sorbetto 有 12 种口味的意式冰淇淋果冻和果汁冰糕,各占一半。然而,这家店别具匠心的配方也给经典的中国甜点带来了全新的体验。

经典的粤式甜点杨枝甘露现在有了一个带鸟巢的豪华意式冰淇淋版本。传统配方中的柚子被西柚的粉红色果粒所取代,其苦中带甜的味道很好地平衡了杧果的甜味。

龙眼和红枣是中国甜点中最受欢迎的两种食材。它们与冰淇淋组合由于兼备冰糕的口感,所以有着十分清爽的味道。如果你刚好很喜欢红枣口味,那么这款冰淇淋一定很适合你。

酒精与覆盆子总是那么般配。这里的覆盆子红葡萄酒冰糕里含有 5% 的红葡萄酒,为这款冰糕平添了一种葡萄酒和水果的风味。葡萄酒的味道并不是十分明显,但绝对可以尝得出。

冰箱里所展示的深绿色冰淇淋实际上是用乌龙茶做成的。以低温冲泡优质茶叶的方式提取出来的这种颜色颠覆了人们对乌龙茶的传统印象。这款冰淇淋尝起来比普通冰淇淋更加平滑,同时也更加厚实。而香浓的乌龙茶也是抹茶很好的替代品。这里所有的冰淇淋都是现场制作的。新鲜制作的华夫饼筒比预期的厚得多,购买冰淇淋免费赠蛋筒。冰淇淋单勺价格为 25 元,双勺 35 元。

Cupple 带给你独一无二的咖啡体验

在 Cupple 咖啡馆，你可以在每日必喝的拿铁咖啡上打印一张你自己最喜爱的照片，点上一份烤面包配啤酒咖啡，喝上一杯果汁，10 分钟之内找到适合你口味的那一袋咖啡豆。这家咖啡馆主推饮品，同时还供应现烤面包以及简餐。这家咖啡馆占地面积超过 300 平方米，一共分为两层，还有着一个后院和一个屋顶露台，十分壮观。内部优雅的白色装饰很好地隔绝了户外的酷热。开放式的柜台里展示着这家咖啡馆所供应的各式点心与面包，同时也让客人们能够一窥饮品和食物的制作过程。

对于咖啡瘾君子来说，这里提供的个性化咖啡烘焙服务是极具诱惑力的。这里的咖啡机可以在 20 分钟之内一次性烘焙 100 克至 1 千克的咖啡豆，声称国内首创。通常烘焙 200 克的咖啡店只需要 10 分钟。这里供应 7 种不同的咖啡豆，你可以只选自己喜欢的单品咖啡豆，也可以选择将它们混合搭配（由你决定每种咖啡豆所占的比例），来烘焙出一杯浓缩咖啡。这里烘焙的水准也取决于你的品味！根据所使用的咖啡豆，这项服务的收费为 108 元，128 元和 158 元不等。

针对店里的常客这家咖啡馆还提供一项特别服务。他们欢迎你挑选出咖啡豆，按照你自己的偏好进行烘焙，寄放在店里，这样你每次来就可以直接喝到适合自己口味的现煮咖啡了。比如，一杯手冲咖啡（正常价格为 40 至 48 元）如果只是用你自己的咖啡豆将只收取 20 元的加工费用。这里还可以在拿铁咖啡上添加 3D 打印，你一定会爱上这一点的。操作十分简单，只需要扫描二维码上传照片就可以在你的咖啡上打印出你最喜欢的照片，而且不收取任何费用。

啤酒咖啡在当下已经不算是新鲜事物了。不过一般而言，虽然称呼里有啤酒两字但其实不含任何酒精，而是在咖啡里加入了氮气。但 Cupple 咖啡馆所供应的名为"BBC"（42 元）的啤酒咖啡却真的加入了啤酒，这里的咖啡师也会向你展示如何制作和享用这样一杯咖啡。如果你喜欢果汁，那一定尝尝这里的橙汁！将一根"棒棒"直接插入水果里面把果肉搅碎，接下来几秒钟你就能从吸管中"喝"完一整个橙子。这家咖啡馆开发了健康之水供人们选择。这里每天向客人免费供应 3 种不同自然风味的水：生菜迷迭香柠檬水、西柚橙子柠檬水以及苹果、梨胡萝卜薄荷水。

CUPPLE

地址 / 陕西南路 53 号
电话 / 6408-6656
营业时间 / 上午 10:00 至晚上 10:00
人均消费 / 50 元

去年，占地面积仅有 2 平方米却为更多的客户提供优质咖啡作为日常饮品的 Manner Coffee 成为了上海咖啡行业的一个标志。今天，我们将你介绍更多就在你我身边的，供应着优质而实惠的咖啡的迷你咖啡店。

迷你咖啡店很受欢迎

都是出自于有着广告行业从业经验的店主之手。8 盎司 (227 克) 和 12 盎司的咖啡杯有着两种不同的设计，但都是酷炫闪亮的风格。

位于南京西路的第二家分店毗邻一家很受欢迎的传统中式早餐店。它所供应的时尚而美味的咖啡会让你念念不忘想要再次回来。强烈推荐这家店新推出的海盐芝士奶油咖啡。它有着两种口味选择：美式 (20 元) 和拿铁 (30 元)。这款综合咖啡使用了 5 种以上的单品咖啡豆，其中的坚果巧克力口味与浓厚的奶油形成了很好的平衡。

FORTY TWO COFFEE BREWERS

地址 / 南京西路 993 号
营业时间 / 上午 8:00 至晚上 9:00

Forty Two Coffee Brewers

如果你从 Forty Two Coffee Brewers 位于常熟路上的第一家分店旁边走过，一定会被它黑色集装箱风格的装饰吸引住眼球。它有着一个十分狭长的窗口，宽度仅够咖啡师接收点单以及将新煮的咖啡递给客人。

这家外卖咖啡店开业之后凭借其非常别致的咖啡杯套而在网上一举成名，那些精致的设计

POST CAFÉ

地址 / 南昌路 248 号
电话 / 173-1727-8125（支持外卖）
营业时间 / 上午 8:00 至晚上 7:00

Post Café

面积只有 1 平方米的 Post Cafe 实际上是与一家很受欢迎的果品店处于同一个门面之中。这家店红色邮箱风格的装饰十分醒目，但你也很容易不经意地忽视而从旁走过。如果你平时喜欢带点酸味的咖啡，那么你也会爱上这家店的拿铁咖啡（小杯 13 元，大杯 16 元）。虽然这家店非常小，但是店里的墙上挂满了过去一年里来到这里的客人所写的明信片。店主也会帮助到这里的游客将他们的明信片寄出去。

Formula Café

这家店就开在一个老住宅区入口处的一家商店旁边，客人们可以十分惬意地坐在户外椅子上享受初夏的旭日和清风。这里的综合咖啡所采用的咖啡豆主要产自耶加雪菲地区。因此，与使用了更多产自印度尼西亚或哥伦比亚咖啡豆制作出的那些综合咖啡相比，这里所供应的美式咖啡（17 元）口感更加清爽。这家店刚刚推出了 3 种全新的加入了芝士奶油的茶饮。建议在上午的时间来这家咖啡店，那么你就可以享受到后街小巷的安静时光，这条后街就通向繁忙的淮河路。

FORMULA CAFÉ

地址 / 南昌路 205 弄
电话 / 158-2136-2780（支持外卖）
营业时间 / 上午 10:00 至下午 6:00（周一至周五），
上午 8:00 至下午 6:00（周六周日）

VIEW COFFEE

地址 / 北京路 1383 号
电话 / 183-2181-9508（支持外卖）
营业时间 / 上午 7:30 至下午 6:30
（周一至周五），上午 10:00 至
下午 5:30（周六、周日）

View Coffee

在夏天的时候，几乎所有的咖啡店都会供应冷萃咖啡——也被称为荷兰咖啡。View Coffee 就是其中之一。这家迷你咖啡店上个月刚刚举办了一周年店庆活动。这家店提供两种冷咖啡，传统口味以及朗姆酒风味的冰滴咖啡，价格都为 35 元。

Bonabird Coffee

地址 / 南阳路 4-90
电话 / 2154-3530
营业时间 / 早 8:00 至晚 6:00（周一至周五），
早 8:00 至晚 5:00（周六、周日）

Bonabird Coffee

Bonabird Coffee 是南阳路的一家小咖啡店，一直以十分公道的价格为客人们供应着各种不同的咖啡。这家店里基于意式浓缩的各种咖啡的价格都在 15 元到 30 元之间。杯子有三种不同的尺寸：从小到大分别是一至三份浓缩咖啡的量。

这家咖啡店所供应的荷兰咖啡（30 元）和利口酒风味咖啡（40 元）是装在啤酒瓶中的。后者实际上是在冷萃咖啡中加入了利口酒，它有着四种不同的"口味"——田纳西威士忌、干杜松子酒、伏特加以及青梅酒。

面包的制作是很有趣的一件事，但并不总是很容易的。制作过程中想要丝毫不出差错是很费时也很难做到的。幸运的是，这座城市里有着许多新老面包店可以让我们无须长时间的等待也不用自己动手就吃到美味的面包。

去哪里寻找你的
日常面包

Plus One Bakery & Café

这家隐藏在上海体育场附近某家繁华购物中心负一楼的面包店非常小巧。但是，据称它是全上海唯一一家供应曲奇蛋挞的面包店。曲奇蛋挞每个 10 元，一次性购买 6 个则只需要 50 元。用碾碎的曲奇饼干做成的蛋挞皮尽管只有 1 厘米厚但却足以安全地包住其中的蛋奶馅料。如布丁一般的馅料和传统的葡式蛋挞很像。这两者的搭配非常有趣，但味道却很不错，曲奇饼干也比预期的更多脂。

对于很多去台湾旅游的游客来说，凤梨酥是必买的当地点心。而这家面包店制作出的这款备受赞誉的凤梨酥(每个 10 元)也绝对值得一试。来自台湾的糕点师傅 Leon Zeng 在制作时加入了咸蛋黄以平衡凤梨馅的甜度。这家面包店还出售袋装的手工咖啡牛轧糖 (每袋 59 元)。

PLUS ONE BAKERY & CAFÉ

地址 / 零陵路 899 号 B1
电话 / 156-0183-4037
营业时间 / 上午 9:00 至晚上 10:00

Avec toi

在繁华的徐家汇商圈边缘的一条宁静小路上，法国面包店 Avec toi 不仅为客人供应着正宗的法式面包，还提供了一个远离喧嚣的私密空间。这家店后面的楼梯连接着二楼一个形状十分好看的露台，客人们可以在那里舒舒服服地坐下然后大快朵颐。

这里所有的面包都是现场烤制的，因为烘焙间就在柜台的旁边。相对较小的柜台里装满了各种令人垂涎的法式面包。这家店最畅销的羊角面包 (13 元) 外皮十分酥脆，内部也非常蓬松有层次感。它的味道绝对会满足你对羊角面包的所有期待，但这里的杏仁羊角面包 (18 元) 看起来却不够吸引人。

法棍面包的配方很简单，却需要十分精湛的技术才行。Avec toi 就是凭借其制作的法棍而闻名于上海的。新鲜出炉的法棍面包 (15 元)，让你每一口都十分满意。面包的内部有着许多气孔，再加上金黄酥脆的外皮，吃起来非常有嚼劲。

如果你喜欢法式乡村面包，那这里有两种口味可以选择：栗子和无花果。

AVEC TOI

地址 / 天平路 73 号
电话 / 5290-8132
营业时间 / 上午 8:00 至晚上 8:00（周一闭店）

Wheat & Baker

开业后一直经营得当的 Wheat & Baker 如今已经成了周围的上班族享用早餐、午餐或是单纯的一次不错的下午茶的热门场所。这间店有着十分宽敞的室内与户外用餐场地，还供应着各式各样的面包和饮料。

狭长的柜台里展示了各种美味的面包，从传统的法棍面包到这家店最畅销的核桃布里欧 (28元)，不一而足。

布里欧因其柔软而丰富的质地闻名，而为了获得这样的口感，则需要使用很多的鸡蛋和黄油。实际上，这里的核桃布里欧就是在传统的布里欧顶部再撒上糖衣核桃的碎颗粒。你吃得出里面有很多核桃碎，也会让你联想到常吃的芝麻饼。它很甜但并不是压倒性的。如果你不喜欢核桃，不妨选择普通的布里欧，仅需 10 元。

可露丽 (10 元) 有着烤得恰到好处的深红褐色外皮，内部充满了奶油蛋羹般的馅料。外皮和馅料在口感上的对比会让你觉得这种传统小面包的每一口都无比美味，可谓早餐和下午茶的理想选择。除此之外，这里的燕麦杏仁面包 (9 元) 也非常适合作为早餐。

WHEAT & BAKER

地址 / 南京东路 1818 号 1 楼
电话 / 6237-5063
营业时间 / 上午 8:00 至晚上 9:00

Austria baked salt
奥地利烘焙盐

rezel/Pretzel
碱水面包

Bagel　　Brioche　　Almor

貝果　¥10　　布裏歐修　¥10　　Almor

理想焙客

理想焙客 (BakeToPia) 是陕西南路上一家新开的面包店，这里供应着一些有着十分有趣的名字和意想不到的风味的面包。

奶酪配上薄薄的巧克力酱是一种有趣的组合。这家店的招牌面包是黑色毛毛虫面包"一米长"（每条 34 元），因长度超过 1 米而得名。它就摆在柜台上面，十分醒目。这款巧克力风味的面包有着十分松软的口感，内部是巧克力和奶酪的混合馅料。因为它并不是全天都有供应，数量有限，所以来之前最好提前问清楚哦。

近年来法式乡村面包已成为面包店市场上新兴的明星，而理想焙客里正供应着各种各样的这款面包，如双鱼座（28 元）、红双喜（23 元）和酒酿桂圆（23 元）。后两种面包使用葡萄酒作为天然酵母。

枸杞偷生（20 元）是必须一试的一款面包。酥脆的外皮和柔嫩的内里在口感上形成了鲜明对比。这款微甜的面包上撒满了各种坚果和种子。

理想焙客

地址 / 陕西路 35-1 号
电话 / 185-1215-9910
营业时间 / 上午 10:00 至晚上 9:00（工作日），
上午 10:00 至晚上 10:00（周末）

当茶成为一种享受，
而不仅仅是饮料

兴致高时就自己泡上一杯诸如普洱、龙井之类的好茶，兴致不高时则随手拿上一杯看着不错的外卖茶饮，如果平日里的你就是这样的，那我们之前体验过的几家新茶馆或许能为你的日常茶歇带来更多选择，使其变得更加丰富多彩。

厝内小眷村

你喝过加了豆腐的奶茶吗？没有的话，就来厝内小眷村尝尝这种独特的搭配吧。位于瑞金二路的这家店只提供外卖服务，在这里你点的任何饮料都可以额外加一份花生风味的豆腐（2元）。由于豆腐里掺了真正的花生碎，所以口感很独特，而且还有一点儿甜。与布丁相比，这样的组合味道更加清淡，口感也更加嫩滑。这家店供应各种各样的水果茶。恋上海柠威（13元就是其中非常值得尝试的一款三层水果茶，它的颜色十分惹人注目。

店里的工作人员说最上面紫色的你那层是蝶豆花茶。据称蝶豆花对身体健康有很多益处，其富含的被称为天然抗氧化剂的花青素对人的眼睛和消化功能都很有好处。中间层是柠檬胶，底部则是柚子果冻。这款茶饮一定要选择加冰的，不然你就看不到界线分明的三种颜色了。

厝内小眷村

地址 / 瑞金二路 50 号
电话 / 139-1836-3604
营业时间 / 上午 11:00 至晚上 8:00

写茶

位于福州路上一家文具店内的"写茶"有着十分宽敞的休息区，在这里客人可以就着一杯好茶，阅读一本好书。因为这家店使用的都是以花果茶而闻名的德国品牌陶森蒂（Taosend）的茶，所以你会发现很多以茶为基础的与众不同的创意饮品。这里的招牌饮品"神秘东方混合茶阿克巴"（26元）有着各种热带花果的浓香，比如杧果。这道茶在冲泡时的迷人的香气弥漫在空气中经久不散。黑绿茶的茶底很好地平衡了花果的甜味。由于茶饮的种类非常多，让人很难一下子做出选择。价格在26~28元之间的茶拿铁就有8种不同选择，如路易波士茶、橙汁红茶、杏仁茶和南非蜜树茶等等。路易波

士茶和南非蜜树茶都不含咖啡因。在你选择好搭配的茶水之后，工作人员会用咖啡机现场为你制作出茶拿铁，而用咖啡机制作茶饮在上海还是很少见的。

如果你想要来点儿冰爽的，这里的招牌茶沙冰是一个不错的选择。我强烈推荐玫瑰茶酵素冰沙（32 元），因为它是将不含咖啡因的玫瑰茶与酵素混合，然后再搭配冰块搅拌制成的。酵素是从同一种茶中提取出来的。你还可以选择在这杯茶饮上面添加一份咸奶油（3 元）。如果把奶油和茶充分地搅拌在一起，那么尝起来就会如同玫瑰味的酸奶一般。

写茶

地址 / 福州路 364 号
电话 / 6352-5676
营业时间 / 上午 9:30 至晚上 9:30

泡茶店

位于永康路上的泡茶店在它的开放式柜台上贴出了 100 张新打印的明信片，那是这家新店的一种直观记录。明信片上所有的照片都是这家店的店主 Jeff 薛自己拍摄的。

通常周末的时候这家店都是座无虚席的。泡茶店时尚的装饰风格——涂鸦艺术和禅宗理念相结合的室内设计使得它备受年轻人的追捧。灰色的主题色调似乎可以帮助客人远离室外的喧嚣，以平和的心态享受一杯简单的茶。

泡茶店的标志和菜单都是店主亲自设计的。菜单上大多是成套供应的茶点，包括在等待你所点的主茶之前上的一杯前茶，比如薄荷凉茶。这家店在柜台上展示了包括中国传统的单品茶、凉茶、果茶以及日本抹茶在内的 10 多种不同的茶饮，你可以先从中选择炼金师随意泡 (48 元)。当然，店里的工作人员也很乐意根据你的喜好为你推荐 2~3 种茶。

然后，就需要客人参与其中了：店内工作人员会将煮茶器放到你面前，由你自己掌握煮茶的时间，以此来控制茶汤的浓淡。添加热水时记得要打开你的计时器哦。

这家店不提供外卖服务，但也有一些茶饮可以选择打包带走，并且会有 10 元的折扣。

泡茶店

地址 / 永康路 46 号

电话 / 135-8588-6856

营业时间 / 上午 10:00 至晚上 8:30

麼麼茶

隐藏于田子坊中的麼麼茶开业仅 6 周时间就凭借其供应的时尚茶饮而名声大噪。草莓盖世英雄 (26 元) 是这家店最畅销的一款饮品，它是由草莓果汁、草莓果粒再配上 10 厘米厚的奶油制作而成的。芝士风味的奶油与果汁搭配在一起可谓相得益彰。甜度和冰块的量可以在下单时进行选择。清爽的"氮气奇异果苏打水"(22 元) 是夏天的绝佳选择。这款饮料顶部的泡沫其实是由啤酒制成的，采用了类似于氮气咖啡的制作方法，尽管它并不像普通啤酒一样起泡。在喝这款饮料时，建议不再添加额外的糖。麼麼茶的招牌饮品"喜欢你"(26 元) 其实是一种菠萝风味的苏打水。它是用真实的菠萝果粒搭配起泡的苏打水制作而成的，还有薄荷叶作为装饰。是的，它味道就像是不含酒精的莫吉托。

麼麼茶

地址 / 太康路 210 弄 7 号
电话 / 133-9139-2587
营业时间 / 上午 10:00 至晚上 8:30

Bread etc 为你带来传统法式面包

Bread etc 位于建国西路和襄阳南路交叉口，供应着新鲜出炉的面包以及比萨和早午餐鸡蛋之类的典型咖啡馆食物。很多客人都是被这里精致诱人的面包、水果挞和其他小甜点吸引来的。

这些美食是极具创新思维的拥有法国与以色列血统的面包师史蒂芬·劳伦特在一次偶然的机会下被引荐给这家店的业主的，而且业主们对他的天分与能力也深信不疑，坚信他能为上海的面包房与咖啡馆行业注入新的活力。

为了制作出品质好的面包和糕点，Bread etc 所有的食材都是从法国进口的。劳伦特说店里所有的面包都是遵循正宗的法国传统烘焙而成的。这里有法国人最爱的由优质面粉制成，通体是因自然发酵而形成的不规则气孔。

传统法棍，享用了顶级的法棍和长面包之后，我个人最爱的巧克力面包也没有让我失望。一块富含黄油的美味巧克力面包再加上一杯卡布奇诺，可谓开启了全新一天的绝妙搭配。

除了招牌面包和糕点，劳伦特还强烈推荐夏苏卡。这道菜是由番茄和红甜椒熬制而成的，色泽非常诱人，上面还撒了一点儿香辛料，最上面是一个溏心煎蛋，劳伦特称其为"这个季节的赢家"。

BREAD ETC

地址 / 襄阳南路 500 号
电话 / 5419-8775
营业时间 / 上午 8:00 至晚上 10:00
人均消费 / 50 元

擅长做挞但服务不足的
Pain Chaud

PAIN CHAUD

地址 / 永康路 34 号
电话 / 3425-0210
营业时间 / 上午 10:00 至
凌晨 12:00
人均消费 / 45 元

在 Pain Chaud 面包店我尝试了这家店所有主要的烘焙类食物：面包、糕点和开胃的小点心。我首先尝的是洛林糕——洋葱培根派，一款经典的法国美食。洛林糕端上来的时候我有点吃惊地发现它竟然是凉的，但我的巴黎同伴告诉我，这确实是法国做法。

谢天谢地的是，最后试吃的食物很好地体现出了法式糕点和面包的艺术性。首先，我们尝试了在法国最具代表性的面包：羊角面包。味道和我们期待的一样，面包的内部也非常蓬松，有着许多气孔，烘烤得恰到好处。接下来，我们尝试了柠檬挞和苹果挞。挞皮很完美，尽管填满了多汁的馅料，但依旧非常酥脆。柠檬挞顶部有一层烤调和蛋白酥皮，散发着浓郁的柠檬香味。苹果挞的上面堆了高高的一层烤得金黄的苹果片，也非常美味。此外，获得商业发票的过程也非常不顺利。总地来说，哪怕只为它的挞我也会再来这家店。话虽如此，他们的服务水平确实有待提高。

Boom Boom 让贝果
不只是早餐食物

Boom Boom Bagels 是那种你多希望在自己的小区附近也能有一家的餐馆：它休闲而友善，以合理的价格供应着优质的咖啡和好吃的贝果。位于时尚的安福路上的 Boom Boom 是大卫·塞敏斯基 (Dave Seminsky) 的最新尝试，他同时还经营着陕西南路上的 Sumerian 咖啡馆。

"我们希望为客人提供一些可吃的东西，有着多种食用方式的贝果就是一个很好的选择，而且是咖啡的一大补充。"他说道，"随着 Dogtown 酒吧在 Sumerian 咖啡馆旁边开始营业，我们又看到了精酿啤酒和手工鸡尾酒的潜力。所以，我们决定将咖啡、贝果和酒精饮料结合在一起，Boom Boom Bagels 也就此诞生了。"

当然，Boom Boom 还是以贝果为核心，各种美味的贝果三明治，适合在一天里的任何时间享用。塞敏斯基说："你既可以在贝果上面放上培根鸡蛋和芝士作为早餐，也可以夹上手撕猪肉作为午餐，还可以放上番茄沙司和芝士做成'比萨'当晚餐。在我们这里，贝果是可以搭配咖啡或啤酒的中心食物。而在整个餐饮行业中，这种搭配已经成为一个相当强大的商业模式。在上海这般高昂的店铺租金之下，如果你没有一个强有力的品牌，是不太可能取得成功的。"

虽然贝果有着悠久的历史，可以追溯到 16 世纪的波兰，但塞敏斯基说他们打算在 Boom Boom 创造属于自己的贝果。"我们在制作时会发酵更长时间以激发面团的潜在味道，而且我们还更改了配方中的一些成分，让口感变得既紧实有嚼劲又有弹性。"

早上 Boom Boom 供应早餐套餐，包括一个培根鸡蛋芝士贝果和一杯咖啡 (45 元)。在午餐时间，非常畅销的是手撕猪肉贝果 (55 元)，里面添加了烟熏手撕猪肉、腌菜、卷心菜沙拉和烧烤酱。另一款人气旺品是"大力水手"(60 元)，用烟熏三文鱼、红洋葱、绿橄榄、鹰嘴豆泥、蜂蜜油醋汁和乳清干酪制成。

据塞敏斯基说，Boom Boom 最近还推出了一款全新的肉桂面包样式的贝果。"你只有不断地创新，推出各种全新的食物才能让客人们愿意一次次地回到这里。"

BOOM BOOM BAGELS

地址 / 永康路 34 号
电话 / 150-2140-8818
营业时间 / 上午 7:30 至晚上 10:00
人均消费 / 80 元

炎炎夏日可能已经让你感到绝望了吧。其实除了酒吧之外，上海还有一些不错的咖啡馆也非常适合在晚上与家人朋友一起消磨时光，因为它们都设有精致的屋顶露台。当然，是选择待在凉爽的室内还是在露台上享受稍热的微风都由你决定。这里为你推荐一些不错的选择。

让你远离喧嚣的那些屋顶露台

EDM 咖啡馆

在夏日的蓝天下，建国西路上的一栋蓝灰色建筑从传统住宅区中脱颖而出。这栋建筑里的 EDM 咖啡馆凭借其整洁的现代装饰和精致的屋顶露台获得了人们的关注。蓝白色主题的露台很受客人欢迎，尽管它主要用于收费的专业拍照和摄影。但是每人只要最低消费 88 元就能进入这个露台。

咖啡馆一楼的座位区十分宽敞，法式窗户边还设有 L 形的单人座位区域。二楼和三楼还有很多独立的房间，其中一些租赁给 SOHO 一族作为会议室和办公室，还有一些则是作为设备齐全的宾馆客房。

这家咖啡馆提供各种咖啡和茶，以及精选的蛋糕和便餐，非常适合与朋友一起享用下午茶或者周末清晨的早午餐。诸如三明治、沙拉和意

EDM 咖啡馆

地址 / 建国西路 348 号
电话 / 150-2150-5106
营业时间 / 早上 8:00 至晚上 8:00
推荐 / 树莓芝士蛋糕派、奶酪球

大利面这样的便餐都是在后面的厨房中制作而成的。

虽然这家咖啡馆的甜点都是外包的，但如果你想要一些较小的点心来搭配咖啡的话，我强烈推荐你尝尝这里的奶酪球（每个 4 元）。这道迷你甜点的大小刚好能一口吃下，有着十分浓郁的奶酪味道。树莓芝士蛋糕派（28 元）是芝士蛋糕和树莓派的结合。酥脆的外壳中装满了浓厚的奶油干酪、树莓干和胡桃碎块。馅料的口感十分独特，稍稍有点甜，但是与美式咖啡（30 元）搭配在一起非常不错。这里的综合咖啡使用了四种不同的咖啡豆：危地马拉、埃塞俄比亚耶加雪菲、西达摩和中国。

"看到阳台风景"咖啡馆

隐藏在静安寺中心商业区某栋办公大楼内的这家咖啡馆占地 1500 平方米，其中 700 平方米是面向静安寺的户外露台。

在室内，这家新近装修的咖啡馆是胡桃夹子爱好者的天堂。每个角落里都摆放有胡桃夹子娃娃，并且每个娃娃的底部都贴有价签对外出售。"L"形休息区中还有几个靠窗的中等大小的半开放隔间可供预订。

在户外，从露台上可以俯瞰繁忙的南京西路和静安公园，这里还设有不同的休息区以满足客人不同的需求。这片空间还可以根据客人的要求用于私人聚会或者公司活动。

在这家咖啡馆，客人可以从三种不同的综合咖啡中选择一种用于制作以浓缩咖啡为基础的各种咖啡（还包括单品浓缩咖啡），但每种咖啡的费用各不相同。例如，选择埃塞俄比亚、哥斯达黎加和哥伦比亚咖啡豆制成的综合咖啡之后，以此为基础的美式浓缩咖啡需要 50 元，而拿铁的价格为 54 元。

除了会员卡可以有折扣以外，这家咖啡馆还有午后优惠的活动，即每天上午 11 点钟至下午 6 点钟一杯饮料和一个蛋糕仅需 78 元。这里的甜品是外包的。咖啡馆还提供各种花茶、果茶和冰镇苏打水。英式早午餐（78 元）是在接单之后现场准备的，每天中午 12 点钟之前都可以点。

"看到阳台风景" 咖啡馆

地址 / 华山路 2 号 7 层
电话 / 180-1914-5142
营业时间 / 上午 9:00 至晚上 10:00（周日至周四），
上午 9:00 至晚上 12:00（周五、周六）
推荐 / 栗子蛋糕，花茶，果茶

Wocafee

这家咖啡馆位于本地一家创意工业园区的屋顶上。鉴于它的地理位置，人们称赞它为美丽的户外花园，这里可以举办烧烤派对或者其他的私人活动。这些活动要求人数至少为 10 人，并且人均消费不低于 198 元。如果你不喜欢待在容易出汗的室外，这家温室风格的咖啡馆还设有室内的榻榻米休息区，并且屋顶是玻璃的，可以容纳 8 人。Wocafee 不仅提供饮品，还提供下午茶套餐和午餐菜单。

WOCAFEE

地址 / 洛川中路 1158 号，3 号楼 206 室
电话 / 5661-9732
营业时间 / 上午 10:00 至晚上 9:00
推荐 / 芝士蛋糕

说"茄子！"

中国边境地区的少数民族牧民早已使用牦牛、水牛、山羊、绵羊、马和骆驼的奶水制作各种奶酪和奶制品。在汉族的饮食中乳制品曾是一度缺席的，直到西方文化的涌入。

中国人更倾向于吃煮熟的食物，有些人觉得奶酪的气味令人不快。并且，从古至今中国人患乳糖不耐症的比例一直很高。现如今，进口和国产的奶酪都变得越来越受欢迎。很多西方的奶酪也在中国国内生产。

但中国奶酪是独特的。有些可以如口香糖一样

咀嚼几个小时，有些可以在牛奶中加入糯米酒制作成布丁式奶酪。奶酪可以烤制、油炸、搭配辣椒或者浸泡在茶水中，甚至可以打成结。中国的奶酪是由牛、绵羊、山羊、牦牛、骆驼和母马的奶制成。

它可以是硬的、半硬的或像豆腐一样软。牛奶也制成酸奶和类似豆腐的甜点，也可以发酵成美味的饮料。

一些最受欢迎的西藏奶酪是由生活在高海拔地区的牦牛的牛奶制成的，例如西藏干酪

(Churakampo)——一种由脱脂牦牛奶制成的硬干酪，里面加入了黄油和糖。它的口味非常丰富，可以咀嚼几个小时，像吃口香糖一样。"一开始这个奶酪就像嘴里的一块小石头，但最终会在一两个小时后慢慢变软。"一位旅行博主 Li Huai 说。

在华南地区，主要是云南省的白族人和广东省佛山的汉族人制作奶酪。

中国北方的奶酪一般味道浓郁。那些南方的奶酪则奶味更重，与意大利奶酪有一些相似之处。

奶豆腐

奶豆腐产自于内蒙古地区。它的外观和质感与豆腐相似，但比豆腐更坚固。它是由生牛奶，通常是初乳，凝结发酵并形成块状制成的。牧民们有时会将奶豆腐浸泡在茶水中，再搭配油

炸小米和炖羊肉。奶豆腐也可以是干的，是牧民们的一种主食。

奶豆腐的风味和口感在切成不同尺寸时会发生变化。厚片的质地柔软，奶香浓郁，略带甜酸；薄片的味道更甜，会融化在嘴里。奶豆腐干得很快，会变得很硬。所以吃饭之前，经常要蒸或烤一下。

东方的马苏里拉芝士

乳扇，在汉语中是指牛奶的扇子，其形状如折扇。这种牛奶奶酪产自云南的草原地区，由大理白族自治州的白族人制作而成。这种有光泽的白色奶酪非常的柔韧耐嚼。制作乳扇时，先将新鲜的牛奶在锅中加热，然后在其中加上酸浆——当地用于凝乳的一种酸性液体。之后再去除凝乳，他们都是用手操作的，最后在竹架上拉伸干燥。

许多当地人都是搭配糖直接将乳扇生吃了，有些人说它的味道像马苏里拉芝士，但具有皮革般的口感。有些人则更喜欢烧烤或者是油炸乳扇，即加热之后再吃。"乳扇在油炸之后会变得金黄，口感更有层次。外面透气酥脆，里面柔软耐嚼。如果烤制之后再搭配上玫瑰酱，就有浓浓的乳香味道，焦糖的量也刚刚好。"美食评论家 Shu Qiao 说。

云南用辣椒搭配乳扇。上海的一些云南餐厅供应正宗的油炸乳扇。如果你喜欢它，那么最好去云南大理。

滇倒云南

地址 / 上海市静安区康定路 1025 号
电话 / 5228-9961

宫廷奶酪

作为北京特产, 这种雪白的牛奶奶酪是半软的, 像布丁一样, 盛在碗里。它是汉族和蒙古族文化融合的产物。这种宫廷奶酪在制作过程中添加了醇厚的米酒, 使得酸和甜的味道达到了很好的平衡。"一碗丝滑的宫廷奶酪, 干净纯洁, 滋润了干燥的喉咙, 在炎热的夏天还能祛暑降温, 消除身体的疲劳。"著名美食家梁实秋在他的《雅舍谈吃》一书中这样写道。

北京的周围都是平原, 没有人放牧, 所以从元朝开始, 皇帝便从蒙古引进了奶酪。在清代期间, 御厨们改变了配方, 在牛奶中加入了糯米酿制的米酒, 待牛奶与米酒混合之后放在烤箱中烘烤, 然后冷却至凝固。

"与西方的奶酪相比, 北京的奶酪味道更轻, 更健康, 热量低。"上海宝珠奶酪的老板韩梅这样说, 宝珠奶酪供应北京奶酪和其他各种北京风味的奶制品。而她则是最先将宫廷奶酪带到上海的人之一。"不添加凝胶剂制成的新鲜奶酪应该在冷却后一小时内食用, 否则就会融化, 失去如豆腐一般的口感。"在北京, 奶酪上面有时候还会点缀上葡萄干和瓜子。

这里还供应用炼乳制成的以桂花、芝麻和栗子为馅料的北京风味宫廷奶酪蛋糕, 还有宝珠菜菜——一种由北京奶酪和酸奶制成的如豆腐一般的白色甜点, 上面配有新鲜水果和红豆沙。

宝珠奶酪

地址 / 上海市静安区南京西路 1601 号 B2
电话 / 186-6166-0279

大良牛乳

这种水牛奶酪（牛乳）产自于广东省大良镇。这个位于佛山旁的小镇以其香气和口味浓郁的水牛牛奶而闻名。这种温和的甜咸的奶酪都是圆形薄片的形状，盛在罐子里对外出售。

这种奶酪的起源可以追溯到明朝，当时一位意大利传教士不忍看到人们将多余的水牛牛奶倒掉，于是他向当地人展示了如何制作意大利奶酪。中国人后来对配方进行了改良，在凝乳时加入了白醋和盐。

大良镇的一位当地人说，她通常会将薄片的牛乳放到热粥中熬煮，直到乳香味被彻底释放出来。有时候，人们也会把薄片牛乳溶在热水中，据说在夏天能够去内热。

"奶酪的制造是一种劳动密集型的产业，而利润又太薄。"李先生，一位大良镇奶酪制造商说，他在这个行业已经从业 40 多年了。"我担心这个古老的中国奶酪制作工艺在未来会消失。"上海没有大良牛乳，想要尝试的人必须去大良镇。

李禧记

地址 / 广东省佛山市大良镇延江路 22 号
电话 /（0757）2221-7882

新疆奶疙瘩

这种奶疙瘩是由哈萨克族人民使用牛、羊奶发酵、煮沸、干燥之后制作而成的。这是一种外表粗糙的干酪。咀嚼的时间越久，味道就越浓郁。奶疙瘩可以是甜味的，也可以酸味的。甜奶疙瘩包含乳脂肪，更浓更香。不含脂肪的酸奶疙瘩仍然是乳白色，但较少芳香。

据在新疆长大的张先生说，当地人在吃之前通常将奶疙瘩放在热茶中浸泡软化，或者是慢慢咀嚼。在冬天的时候，他们还会用酸奶疙瘩给面条调味。

奶疙瘩的营养丰富，是牧民冬天的主食。许多人都有自己的私人配方，味道也不同于市场上销售的标准奶疙瘩。

上海没有正宗的奶疙瘩，去新疆吧，逛逛鄂尔多斯市场（乌鲁木齐天山区解放南路 37 号）。

二道桥市场

地址 / 天山区街封路 37 号

酥油茶

酥油茶是由藏族人民用茶、牦牛酥油和盐制成的。它有着浓郁的味道，又咸又甜，多油多脂，厚实且黏稠。它是一种温暖的、高热量的饮品，生活在高海拔地区的人民十分青睐。西藏的糌粑，一种烤大麦面团，再搭配上酥油茶，是餐厅必点的一道菜。

扎西达娲餐厅

地址 / 徐汇区天钥桥路 666 号
电话 / 6426-5576

新疆酸奶子

这种新疆式酸奶是由牛或山羊奶制成的。酸指酸味，"奶子"指牛奶。它的酸味和奶香味很浓，比普通酸奶颜色更深，质地也浓稠。由于它的酸度，故在饮用时常常需要配上糖，或者会配上葡萄干以增加甜度平衡味道。

漫驼铃餐厅

地址 / 浦东张杨路 601 号 3 楼
电话 / 5836-1678

马奶酒

马奶酒是由马的奶水发酵制成的一种中亚饮品，略含酒精，酒精的含量通常低于 18%。但与牛奶和山羊奶相比，马奶含有更多的糖。味很淡，所以味道还有些微酸略甜。

家在塔拉蒙古餐厅

地址 / 徐汇区桂林路 37 号 2 楼
电话 / 3469-2137

茶，一种愉悦人心的
智慧饮品

茶作为一种很受欢迎的饮品可以说是首选。许多茶馆开始提供更多的服务和食物来吸引客人——其中一些旨在提高销售额，另一些则是为了提供更独特的体验。无论你是不是一个严谨的爱茶之人，你都会喜欢这座城市里那些精致的跨界茶馆的。

不二茶铺

这家由台湾同胞创办的茶铺在上海有两家分店，主要采用中国传统茶叶制作各种茶饮，包括拿铁茶和冰滴茶等。

不二茶铺声称其使用的都是产自台湾的优质茶叶，包括乌龙茶、茉莉绿茶、普洱茶、铁观音和红茶。这里最受欢迎的是二盖茶 (22~38 元)，就是在新鲜冲泡的茶水上再盖上一层浓厚的奶油。店内有三种不同口味的奶盖可以选择：榴莲、焦糖栗子和玫瑰盐芝士奶油。在此，我强烈建议不要在茶中添加任何糖，因为这样你就可以很好地享受茉莉绿茶中的清新花香。奶盖厚实而嫩滑，与茶形成了鲜明对比，同时增加了淡淡的甜味使口味更加独特。

这里的热茶都是在一个时尚的白色煮茶器中制成的，它可以根据茶叶的类型来设置特定的温度然后煮茶。

你可以到开放式的吧台旁一览备茶和泡茶的整个过程。或者，你也可以尝尝这里改良的法式乡村面包，它有着松软的外皮，而不是传统的酥脆外皮。不二茶铺已经开发了一系列的乡村面包，他们不仅添加了各种水果，还将茶融入其中。例如，仕女伯爵 (18 元) 不仅是这里的一种茶饮，还是一款带有这种茶味的面包的名字。淡淡的茶香搭配上面包里甜美的奶油，是不是听起来就很美味？

不二茶铺

地址 / 西江湾路 388 号，龙之梦购物中心 B2-10
营业时间 / 上午 10:00 至晚上 10:00
推荐 / 二盖茶，法式乡村面包

Luckylife

隐藏在正大广场中的 Luckylife 是一个可以慵懒地享用水果茶的好地方。店里没有椅子，只有懒人沙发。客人可以坐着或者躺着享受这里的招牌水果茶（20~22 元），它是 100 克以上的各种水果，包括火龙果、猕猴桃、橙子、青柠、杧果和西瓜等，搭配你选择的茶——鲜爽的乌龙茶、绿茶或红茶制作而成的。很多客人会选择躺在店里的懒人沙发上用手机看电视或者打个盹。因此，这家店有个不成文的规矩，每个客人点单之后最多只能待一个小时，因为这里的懒人沙发太舒服了，让人实在懒得动。

如果你很喜欢某个懒人沙发，你还可以选择买下它并把它带回家，当然价格也是相当合理的。

LUCKYLIFE

地址 / 正大广场 5 层 52 号
电话 / 5837-5037
营业时间 / 上午 10:00 至晚上 10:00
推荐 / 水果茶

诺诺茶

地址 / 西藏南路 177 号
电话 / 5309-7980
营业时间 / 早上 7:00 至凌晨 3:00
推荐 / 提拉米苏, 冷泡茶

诺诺茶

有着三层空间的诺诺茶 (NNTea) 供应各种美味的冷泡茶。一进入这家店, 你就会看到一个巨大的盘子, 里面展示着所有你可以在店里品尝到的茶叶。在它的右边还有三种不同的冷泡茶可以免费试喝。

由于采用了半独立的座位设计, 上面两层的客人不仅可以通过大窗户欣赏美景, 还可以小憩片刻，对于 SOHO 一族来说是一个很好的去处。这里有下午茶优惠活动 (58 元) , 包括一份甜点和一杯茶。提拉米苏 (在一个盒子里) 的摆放很有创意, 非常吸引眼球, 但是味道还有待改进。同时, 它的慢递明信片服务可以让您自己写几句话, 因为明信片将根据您从现在到 2020 年指定的日期发送给您。你还可以买到袋装茶或茶叶。

彼此的茶

地址 / 哈尔滨路 167 号
电话 / 5515-6352
营业时间 / 上午 9:30 至晚上 9:00
（周一至周五），上午 10:00 至
晚上 10:00（周六、周日）
推荐 / 冷泡茶，茶包

彼此的茶

"彼此的茶"离很有人气的 1933 创意园不远，
设有一个漂亮的休息区，店内还有各种以茶为
主题的衍生品：茶包（包括样品包和家庭装）、
礼品套装、茶杯茶具等等。你可以尝尝这里的
单品茶、水果茶、奶茶、花茶以及其他非茶饮品。
如果你赶时间的话，不妨拿上一瓶冷泡茶，那
会是一个不错的选择。装茶的瓶子还可以留下
来用于 DIY 或者当作花瓶哦。

从玻璃杯中喝出健康

冰沙（Smoothie），一种由果汁、新鲜水果、冰屑或零脂冷冻乳酪或豆浆制成的浓稠饮料，由于其健康成分和易于制作的特性，这些年来一直备受人们喜爱。现在已经有数百种食谱可供客人选择。店内的果汁有各种不同的功效，例如由某些蔬菜制作出的绿色冰沙能够排毒和清肠。现在让我们一起来看看上海一些很棒的冰沙店。

Lizzy's All Natural

Lizzy's All Natural 的创始人伊丽莎白·斯尼弗林（Elizabeth Schieffelin）在市中心开设了三家分店，旨在为上海的人们带来健康的生活方式。斯尼弗林是四年前来到这座城市的，她原本计划从美国进口有机食品，但后来发现在上海也能找到可以接受的本地产品。然后，她开始经营 Lizzy's All Natural，现在这里

提供 30 多种常规风味的冰沙，还有一系列循环供应的精选口味。每种冰沙都有一个功效，要么是健身、美容、增强脑力、提高体力或免疫系统，或者是促进消化与排毒。由于斯尼弗林对健康食品的热情以及营养学方面的资质，她已经开发出 60 多种冰沙配方。

谈到果汁和冰沙时，很多人可能会感到困惑。"纤维是冰沙和果汁之间最大的区别，"斯尼弗林解释说，"在搅拌机中制作冰沙的时候，纤维会保存在饮料中，而果汁里只有水、糖和营养物质，没有纤维。"众所周知，纤维有助于保持血糖水平的稳定，减缓食物的吸收。"所以你可以把冰沙看成是被'咀嚼'过的沙拉。搅拌机为你完成了咀嚼的过程，因为现在的人们总是如此忙碌。"斯尼弗林说。

现在很流行冰沙，其浓厚的口感已经得到越来越多人的关注和喜爱。你在昌化路上 Anken Life 餐厅以及巨鹿路上 More Than Eat 餐厅中的 Lizzy's All Natural 分店同样可以买到。除了店内的零售之外，斯尼弗林还为客户提供定制的排毒方案。一个单日方案包括六瓶冰沙，以及在冰沙中加入一些能量粉，会让你在特殊治疗期间不容易感觉到饿。

LIZZY'S ALL NATURAL

地址 / 巨鹿路 758 号
电话 / 136-6193-9427
营业时间 / 上午 10:00 至
晚上 10:00
推荐 / 冰沙碗，超级战士

FANCY FRUIT

地址 / 淮海中路 999 号
（环茂购物中心）5 层
电话 / 6417-2992
营业时间 / 上午 10:00 至
晚上 10:00
推荐 / Fancy 特色五种蔬菜冰沙

Fancy Fruit

Fancy Fruit 提供各种各样的果汁和冰沙。例如，为了让工作日的早晨充满活力，可以选择牛油果或酸奶为基础的冰沙开始新的一天。比如抹茶牛油果 (32 元) 或火龙果草莓酸奶 (32 元)。通常，这种冰沙比果汁类饮料果肉更多，尝起来也更浓稠。这家店的招牌产品，Fancy 特色沙冰是由 5 种蔬菜和香草 (38 元) 制成的，在偏好无糖饮品的客户中最受欢迎。蔬菜冰沙类似于排毒饮料，有助于清理消化系统，促

进蔬菜营养成分的吸收。如果你在深夜想要喝点东西，而又不想增加额外的卡路里摄入，那么它就是很好的选择。有趣的是，每个杯子或瓶子都有一个特殊的标签，上面写着一句引语，比如"如果你爱我，请让我知道"，或者"答案随风而逝"。此外，Fancy Fruit 中销售的商品还包括：可重复使用的杯子、午餐盒、茶包和橄榄油。武康路上的分店还提供冰沙碗。如今，Fancy Fruit 在上海又新开了 4 家分店，大都位于热门的购物中心内。

BOWL'D

地址 / 南昌路 248 号
营业时间 / 上午 9:00 至晚上 9:00
推荐 / 梦幻莓果, 原创冰沙

Bowl'D

Bowl'D 从原址安福路迁出, 现在搬到了淮海中路后街很有人气的南昌路上。自从两年前创办以来, 这家店凭借其冰沙碗积累了不小名气。时尚现代的装饰吸引了很多路人。几个朝街的座位也让人们容易呼吸到新鲜空气, 享受美好的秋日微风。

作为冰沙碗的专家, 这里的招牌产品有 9 种口味。所有的冰沙碗有 3 种尺寸: 方便装 (38 元), 常规装 (48 元) 和大碗装 (55 元)。比如, 梦幻莓果 (Fancy Berry) 混合了多种新鲜的浆果, 如阿萨伊、蓝莓和覆盆子, 搭配香蕉作为底料, 顶部再配上新鲜水果、奇亚籽、坚果碎和椰蓉,

最后加入一份龙舌兰糖浆, 以平衡各种浆果的酸度。这款冰沙不会再额外添加糖。

由于大多数冰沙款里都添加了香蕉, 所以冰沙碗可以作为一次轻便膳食的替代品, 它提供大量的纤维、维生素和矿物质。客人们还可以额外付费在冰沙中添加坚果、格兰诺拉麦片、水果或瓜子。

奇异绿蔬 (Amazing Greens) 是一个不太甜的选择, 价格在 28 到 36 元之间。它有 5 种不同的版本, 从绿蔬 1.0 版本开始, 里面包括羽衣甘蓝、苹果和酸橙。终极版的绿蔬 5.0 版本有更多的绿色美食, 如菠菜、长叶莴苣和猕猴桃。

在上海购买生煎
最好的地方

生煎，一种盘煎的饺子，是上海小吃的核心。对于大多数来上海旅游的游客而言，它是必尝的一种美食，也是这座城市文化的精髓。但生煎也是一种备受争议的食物，从名字到配方甚至是在餐馆点菜的方式都可能带来问题，引起激烈的讨论。

就开胃菜而言，生煎也被称为生煎馒头。馒头实际上是指华北地区只是蒸熟、没有馅料的馒头，而包子是有馅料的。但在上海，肉馒头是指蒸肉馅馒头，而菜馒头指的是带有蔬菜馅的馒头。因为生煎比通常的包子要小得多，所以翻译成英语时是 dumpling like xiaolongbao（灌汤的饺子）。

生煎是在 100 多年前发明出来的，当时是茶馆里的一种点心。19 世纪 70 年代到 20 世纪 90 年代为上海人提供热水的老虎灶，即老虎

的厨房，也卖过生煎。生煎皮是用未发酵、发酵后或半发酵的面团制成的。发酵的皮柔软而厚实，未发酵的类似于蒸饺的皮，但更软，而半发酵的口感在两种之间。

有没有汤也是生煎辩论的话题之一。生煎里的汤由猪皮熬制成的，猪皮煮熟冷却到果冻状就可以和馅料混合在一起了。生煎被煎炸后，里边的猪皮冻会熔化成一汤匙左右的汤。而说到煎炸，又有两种流派。扬州生煎将包子褶放在下面，而上海的做法则相反。

除了皮和馅料之外，出锅之前将葱末和烤芝麻撒在生煎上也是很重要的。而生煎最好吃的部分是什么？当然是吸收了从馅料中渗出的美味汤汁的酥脆外皮。撒上香菜后的咖喱牛肉汤被认为是火热而滋滋作响的生煎的完美搭配。

在大多数餐厅，生煎不是按个数或碟数，而是按照"两"来点的。1 两相当于 50 克。但是，1 两大概有 4 个生煎，重量绝对超过 50 克，所以有时会给人造成困惑。

2015 年，一位在上海购买生煎的外国人做了这道数学题，他点了 10 两，因为他认为这是食物的总重量。但拿到他面前的却是 40 个生煎。据历史学家们所说，两的单位指的是生煎皮而不是最终产品的重量。无论是生煎还是小笼包，每两的实际重量约为 250 克。

小杨生煎

今年夏天，著名的生煎连锁店小杨生煎创造了一种季节性的黑色生煎，有着藤椒风味的鱼肉馅料，藤椒是一种味道很麻的四川胡椒，这个生煎正是仿效了经典的藤椒鱼。

黑色生煎皮是在面团中混合了乌贼墨的结果。这并不是黑色

生煎第一次吸引上海餐饮界的注意力了。2014 年 My Fry Way Dumpling 开业的时候，他们的招牌主打就是用鳕鱼和奶酪作馅料的黑色生煎。

于 1994 年创办的小杨生煎是上海最容易找到的生煎店，在上海市内外有 100 多家分店。

他们有着自己的中央厨房，每天将冷冻食材送到各个分店。小杨生煎最开始的名字是小杨生煎馆。

上海本地人对小杨生煎有着不同的看法。质量始终如一，每个分店销售的生煎都有着相同的尺寸和风味。最常见的两种生煎是普通猪肉生煎和大虾生煎。一般来说，小杨生煎还可

以制作馅料有更多汤汁、外皮更有嚼劲的大号生煎。由猪皮制成的汤非常浓，因为冷却时会变稠。有些人喜欢汤汁多的生煎，也有人喜欢汤汁少的老式生煎。猪肉馅有一种甜味，量也相当足。

他们的季节性产品很有趣。他们用荠菜搭配猪肉制作的生煎，凭借其清淡新鲜的馅料备受赞誉。麻辣小龙虾生煎也很受欢迎。

小杨生煎也供应一些汤类菜肴，包括咖喱牛肉汤、猪骨粉丝汤以及酸辣米粉。

小杨生煎

地址 / 吴江路 269 号 2 层
电话 / 6136-1391

东泰祥

另一个最受欢迎的生煎馆——东泰祥凭借其底部煎的松脆的生煎包而闻名。

餐厅中间的厨房遵循现代的设计原则。面粉、水和酵母的比例受到严格控制，包生煎的师傅会不断称生煎皮的重量，确保每个的重量都是20克。他们用的是半发酵的面团。生煎里有一些汤汁，虽不像小杨生煎那么多，但是馅料的味道更甜一些。巨型的铁盘可以一次容纳多达100个生煎。生煎熟透后，再撒上黑芝麻就可以出锅了。

东泰祥只有两种生煎可以选择，即普通猪肉馅和猪肉大虾馅。东泰祥老板说这是他们确保品质和传统口味的方法。

凉面是东太祥很受欢迎的夏季特色菜。他们的虾米馄饨汤很美味，但馄饨皮比一般的厚一点。

东泰祥

地址 / 重庆北路 188 号
电话 / 6359-5808

大壶春

对于很多上海当地人来说，大壶春可以轻易拿下"最好生煎"的荣誉，因为它供应的生煎里面没有灌汤。

大壶春是在 1932 年由唐妙泉创办的，他的叔叔是现已不复存在的生煎馆——萝春阁的创始人。大壶春使用充分发酵的面团制作生煎皮，所以外皮柔软而不黏。生煎包好后，至少需要30 分钟发酵以达到圆满的形状。肉馅紧实微甜，这里的生煎吃起来更方便，不会有汤汁突然爆出来。

大壶春的猪肉蛤蜊 (12 元 4 个) 和猪肉鹅肝 (8元 1 个) 生煎也相当独特。

位于外滩的旗舰店最受欢迎。猪肉生煎每两7 元，他们还提供 40 元的小盆什锦口味生煎，其中包括 4 个猪肉生煎、4 个猪肉大虾生煎和2 个猪肉蛤蜊生煎。

大壶春

地址 / 四川中路 136 号
电话 / 6313-0155

挑战传统的牛蛙、猪肉汤、鲍鱼月饼

巧克力冰淇淋月饼曾是每年中秋节月饼"聚会"的潮流引领者。它也曾是主宰创新产品列表的奇特品牌。但食物具有周期循环的特性。融合风格的月饼会盛行一时，但很快人们又回到了传统月饼，传统月饼的味道从未改变。在庆祝团聚的节日期间，它也是那些难忘时刻的情感纽带。

在上海，当地人总是会选择历史悠久的经典品牌，如光明邨，那里总是排着最长的队伍等待购买新鲜出锅的煎鲜肉月饼。始终如一的口味和品质使人们愿意选择它们。但即使是传统的品牌，在激烈的市场竞争下也需要灵感的火花。在过去几年里，传统与新颖的融合被证明是相当有利可图的。

2016 年，上海历史悠久的著名品牌杏花楼为清明节推出了一款特色青团 (绿色甜糯米球)，馅料用的是咸蛋黄和肉松，而不是红豆沙等传统食谱。

这种甜与咸的组合听起来是如此美味和与众不同，很多人排队等候了至少 6 个小时，只为了买一盒这种口味的青团。

今年春天，杏花楼再次推出这款曾轰动一时的爆款青团。但是排队等候只要 1 个多小时，因为大部分尝过这种青团的人都不再觉得新奇了，而且这个配方已经被其他 10 多个想要分一杯羹的品牌——其中大部分是像杏花楼这样历史悠久的品牌所仿效。

在月饼方面，去年有些店在互联网上声名大噪，比如王宝和酒店的小龙虾月饼、新雅粤菜馆的腌笃鲜 (肉汤风味) 月饼、玉佛寺的蔬菜蘑菇月饼等。

上海第一食品商店

地址 / 南京东路 720 号

如今竞争更加激烈，因为月饼制作的基本理念，即在膨化的酥皮或耐嚼的提浆外皮中装满甜味或咸味的馅料，几乎可以适用于任何食材。

牛蛙月饼

如果小龙虾月饼是 2016 年的明星，那么牛蛙月饼无疑是 2017 年的赢家。

许多人喜欢吃牛蛙，因为它的肉质柔嫩鲜美。牛蛙有着在任何菜肴中成为热销品的潜力，比如牛蛙火锅或者牛蛙面。

今年秋天，上海第一食品商店创造了一种中式酸菜牛蛙月饼，在早期的月饼大战中获得了极大的关注。每个月饼里都有一整只脱骨牛蛙腿，中式酸菜增添了一点酸味。月饼稍微有点干。商店员工解释说，如今的年轻人喜欢牛蛙类的

菜肴，所以他们决定把这个想法融入传统的月饼中。

店里的牛蛙月饼总会很快卖完，但有些人不太喜欢这个想法，因为这样月饼就变得像包子一样。

牛蛙月饼的价格是 15 元，比普通月饼贵得多。这里还有两个更有趣的新作品：每个里面都有一整块小鲍鱼的鲍鱼鲜肉月饼 (10 元) 和竹笋鲜肉月饼 (8 元)。

大虾芝士猪肉月饼

去年，新雅粤菜馆奇思妙想地创造了腌笃鲜月饼，灵感来自于与之同名的传统上海菜，即用金华火腿 (中式培根) 和竹笋制成的味道丰富的猪肉汤。这款月饼的需求量很大，因为人们很喜欢吃这种有汤汁的饺子式月饼。

新雅粤菜馆

地址 / 南京东路 719 号

今年，新雅推出了一款新的融合月饼，在传统的猪肉月饼中添加了虾和芝士。人们很难抗拒虾和芝士的诱惑，它也再次引起轰动。每天限量制作出售 2000 个，所以想购买这款月饼的客人需早点进店购买。每人每天最多买 2 盒。每个月饼 10 元。与此同时，新雅也供应腌笃鲜月饼（36 元 1 盒，6 块）、鲜肉月饼（4.5 元每个）以及蟹粉鲜肉月饼（8 元每个）。

椰皇流心月饼

近年来，香港半岛酒店、马克西姆餐厅等品牌推出的蛋奶月饼颇受欢迎。这种更精致的广式月饼有着柔软、甜美和微咸的蛋奶馅，没有传统月饼那么浓重的口味。由于食材的成本，这些蛋奶月饼不便宜。

今年中秋，杏花楼制作了自己版本的蛋奶月饼，在馅料中加入了液态的椰奶。味道是甜的，带有一丝来自蛋黄的咸味。杏花楼称这是一种用

新西兰黄油和泰国椰奶制成的高档产品。这种小月饼每个 50 克，8 个 1 盒的零售价为 238 元，每个大概 30 元。

鸭肉月饼

北京烤鸭是中国菜的一道主食，而全聚德则是最著名的烤鸭餐厅之一。几年来，全聚德一直在销售一种鸭肉月饼，以鸭肉为馅，有着类似菠萝拔的外皮，里面的馅是瘦鸭胸肉。

杏花楼

地址 / 福州路 343 号

上海最好的青团在哪里

青团，一种绿色的甜味米饭团，是一种通常在清明节吃的传统点心。这种点心在上海越来越受欢迎。

青团是用糯米制成的，外面用野草包裹和里面有甜红豆馅。现在，我们在市场上可以找到各种不同口味的青团。最受欢迎的是蛋黄肉松口味，已经成为"网红"。

许多有着悠久历史的本地食品品牌都提供这种特殊的绿色米饭团，但哪一家是最好的呢？这里我们选择并比较了上海五大历史悠久的著名名品牌。他们的口味怎么样？我们来看看有关这五个品牌的更多细节。

杏花楼

1851 年开业的杏花楼是上海最著名的品牌之一。这家餐厅以月饼、粽子(裹在竹叶中的米饺)和其他传统糕点而闻名。

这里的绿色青团是五大品牌中最受欢迎的，总是会有长长的队伍排队购买。但杏花楼的绿色

青团价格并不便宜，也没有那么美味，不值得人们花那么长时间的等待。外皮比其他的更薄，口感柔软，馅料稍微咸了一些。

价格: 8.3 元 / 个 (50 元 /1 盒 6 个)
排队时间: 2 小时
指南评分: ★ ★ ★

沈大成

130 年前开业的沈大成是上海著名的传统点心品牌。除了青团之外，诸如桃形寿包、蟹肉迷你汤包和馄饨等传统菜肴也很受欢迎。

这里的青团是相当美味，价格也合理，赢得了大部分品鉴团成员的高度评价。里面的蛋黄和肉松很丰富，味道也很均衡。

虽然外皮有点黏，但是味道可以排到前三名。

价格: 6 元 / 个 (24 元 /1 盒 4 个)
排队时间: 不用等候
指南评分: ★ ★ ★ ★

光明邨

作为上海最著名的餐厅之一，这里有各式各样的自制甜品，糕点和其他菜肴。

这里提供的青团传统而不花哨。外皮又黏又薄，里面的蛋黄也比较咸。

价格: 8 元 / 个 (48 元 /1 盒 6 个)
排队时间: 2 分钟
指南得分: ★ ★ ★

王家沙

它是全市最受欢迎和信赖的食品商店之一，专门制作本地小吃和包括八宝糯米饭、锅贴和月饼在内的传统菜肴。

虽然这里的青团比其他几家更大，但是味道却令我们失望。艾叶气味浓烈、外皮硬而咸，是品鉴团尝试的五个品牌的最后一名。

价格: 8元/个（48元/1盒6个）
队列时间: 20分钟
指南得分: ★★

乔家栅

它是一家专门制作江南美食和传统糕点的历史悠久的知名品牌。

他们的青团有着稍厚的外皮，味道有点甜，但是价格便宜，等侯的时间很短，所以乔家栅的青团排在了前三名。

价格: 6元/个
排队时间: 不用等候
指南评分: ★★★★

去哪里找老字号的食品店

在中秋节的前夕，淮海路和南京路上的光明邨大酒家、王家沙点心店以及其他的中国食品店前面都排起了长长的队伍。每逢佳节，这些老字号店铺都是购买上海特产的好去处。

有着悠久历史和值得信赖的品牌名称的零售商出售各种传统中国菜和上海菜，当然，还有点心以及零食。一旦你踏入这些商店的大门，你就可以感受到它们的特殊性。

美味的卤味，即用卤汁烹制的各种冷盘菜肴，包子以及甜味糕点总是人们的最爱。经典的上海风味美食中也融入了西方美食的元素，比如杏仁酥、闪电泡芙 (Eclair) 和鲜奶油杯。

在上海出生长大的赵秀芳知道光顾哪些店可以买到最好的本地特产。"我经常买王家沙点心店的蔬菜包子，因为它们新鲜而不油腻，"她说，"我也喜欢他们家的苏式月饼，不管是猪肉馅的还是豆沙馅的。买这些吃的已经成了一种习惯，非常愉快的习惯。"赵女士说她还喜欢光明邨大酒家用白萝卜丝做成的咸味煎饼，以及哈尔滨食品厂出售的椒盐煎饼。"白萝卜馅很脆，而椒盐煎饼的甜味和咸味达到了很好的平衡，又不会觉得太干。"

诸如哈尔滨食品厂、光明村大酒家、长春食品商店这样的零售店都是从朴实无华的国有商店起家，如今依然保持着质朴的风格。他们悠久的历史和对传统食谱的忠诚唤起了许多顾客的怀旧之情。商品质量都有保证。一代代人都是伴随着烤鸭和盐水鸡等菜肴长大的。"我之所以愿意大老远地去光明邨大酒家，然后排队等候，就是因为食品的质量和安全有保证。那里的日常营业额很大。所有东西都在当天卖完。这样就能保证食物是新鲜的。"张云说。

庆祝中秋节的典型美食——月饼，在淮海路上的这些商店里实际上全年都有供应，并且都是新鲜出炉的。

如果你从来没有去过这些标志性的商店，那么不妨当下去看看这些地方到底有什么让人大惊小怪的了。

光明邨大酒家

这家商店一年到头都一直吸引着很多顾客排起长龙。销售人员都是上海本地人，他们在接单、包装和收款时速度都非常快。虽然等待的人数多，队伍移动也很快，但是一些客人表示他们在这里要等候长达六个小时才能买到新鲜的鲜肉月饼。这种月饼非常受欢迎，因为它们都是用传统的方式制成的，用的是大的平底锅而非现代烤箱。厨师必须翻动每一块月饼以确保两边的褐色都很完美。

这家店卖得最好的是酱鸭。酱鸭是一种经典的上海菜肴，虽味道有点甜，但让人难以抗拒。慢慢烹制出的鸭肉吸收了酱料的所有味道。老上海熏鱼也很受欢迎，大块鱼肉和酱油、香料、糖和盐一起用文火炖熟。油爆虾和豆豉小黄鱼也是热门的最爱菜品。光明村大酒家二楼是一家供应生煎、虾滑馄饨等点心以及热菜的餐厅。

地址 / 淮海中路 588 号

老大昌

这里的特色是冰淇淋，或者说冰糕。它的口感不同于上海到处可见的意式冰淇淋。经典上海冰糕有着浓郁的奶味，不含食用色素或防腐剂。它不像西式冰淇淋那样冰凉，倒是更像紧实的鲜奶油。这里的冰糕有三种口味：原味、巧克力味和杧果味。

地址 / 淮海中路 558 号

哈尔滨食品厂

尽管这个经典品牌在上海还有其他10个分店，但淮海路上的总店前总是最拥挤的，因为这里供应最多种类、同时也是最新鲜的产品。对于爱吃甜食的人而言，这里就是天堂。

最受欢迎的是杏仁排。杏仁排是一种粗短的、甜甜的奶油甜点，每500克价格为55元。先将芳香的烤杏仁片与柔软的焦糖混合在一起，然后将它们放在用奶油、鸡蛋和糖制成的奶油冻状基底上。杏仁排虽然卡路里含量高，但十分美味。这些甜点再搭配上一杯中国茶或者不加糖的豆浆作为一份简单的早餐，简直完美。

这里的坚果类零食品种繁多，包括花生、山核桃和腰果。

哈尔滨食品厂另一个著名产品是蝴蝶酥。这种一口大小的、脆脆的美食是完美的吮指小零食。绿豆糕属于在售产品中没那么甜的那种点心。它柔软而有嚼头，是老年人的最爱。

一个小贴士：购买新鲜糕点时要适量，因为它们不会长时间保持松脆的口感。

地址 / 淮海中路 603 号

王家沙点心店

这家店前面一直都有长长的队伍，特别是在中国传统节日之前。当下，人们排队要买的是上海最有名的月饼。

月饼通常是肉馅的，但王家沙点心店也提供一种很有人气的新版本，馅料里添加了四川泡菜。

这家店的鲜肉月饼馅料多汁，外皮酥脆而不油腻。这里也有豆沙馅的甜月饼。每年清明节前，客人们都会聚集到这家店来购买青团。青团是一种绿色的豆沙馅糯米饭团。王家沙点心店还有一种特殊口味的青团，里面的馅料是一种可食用的野生植物马兰头。

王家沙还出售经典的中华名点，如老虎脚爪，一种有一层糖釉的甜面包、白萝卜糕、八宝饭以及各种新鲜出笼的包子。糯米粽子有甜咸两种口味。

王家沙点心店的二楼是一家供应汤饺和馄饨等点心的餐厅。

地址 / 南京西路 805 号

长春食品商店

这家店在 2014 年进行了装修，现在有一个明亮干净的室内环境，供应着诱人的美食。除了大有人气的月饼，你还可以在这里找到经典的上海食品和特产。

最受人们喜爱的是山林大红肠，上海菜中的招牌食物。这种大香肠可以切片做成冷盘开胃菜，或者像甜菜根汤一样用来炖汤。

芝麻核桃粉是这里另一个很受欢迎的产品，特别是在冬季，可以将它倒入牛奶或蜂蜜水做成一杯可口的热饮。

地址 / 淮海中路 615 号

图书在版编目(CIP)数据

上海味道 /《上海日报》编;张成,侯艳宾译. —桂林:广西师
范大学出版社,2018.3
  ISBN 978 - 7 - 5598 - 0553 - 9

Ⅰ.①上… Ⅱ.①上… ②张… ③侯… Ⅲ.①饮食 - 文化 -
上海 Ⅳ.①TS971.202.51

中国版本图书馆 CIP 数据核字(2017)第 325197 号

出 品 人:刘广汉
责任编辑:肖 莉
助理编辑:夏 薇
版式设计:张 晴
广西师范大学出版社出版发行

(广西桂林市五里店路 9 号   邮政编码:541004)
(网址:http://www.bbtpress.com)
出版人:张艺兵
全国新华书店经销
销售热线:021 - 65200318   021 - 31260822 - 898
广州市番禺艺彩印刷联合有限公司印刷
(广州市番禺区石基镇小龙村 邮政编码:511450)
开本:787mm×1 092mm   1/16
印张:17.5   字数:50 千字
2018 年 3 月第 1 版   2018 年 3 月第 1 次印刷
定价:158.00 元